TRAITÉ

SUR

L'ÉDUCATION DES ABEILLES.

LA

FORTUNE DES CAMPAGNES

TRAITÉ PRATIQUE DE

L'ÉDUCATION DES ABEILLES

PAR

JEAN-FRANÇOIS ROUX,

APICULTEUR.

PREMIER PRIX.

Médaille d'or pour les instruments d'apiculture
au concours universel agricole de Paris.

Allez aux champs......
VICTOR HUGO.

LYON

IMPRIMERIE D'AIMÉ VINGTRINIER,
Quai Saint-Antoine, 36.

1856

LA
FORTUNE DES CAMPAGNES,

TRAITÉ PRATIQUE

DE

L'ÉDUCATION DES ABEILLES,

PAR

Jean-François ROUX.

L'auteur récompensé au concours universel agricole de Paris, 1856, par le 1ᵉʳ prix, médaille d'or, pour ses instruments d'apiculture, nous donne dans son livre des enseignements précieux, et les habitants de la campagne en retireront autant de profit que des instruments eux-mêmes, dont ils font ressortir toute la supériorité.

En effet, enseigner comment doit être construite la ruche en paille pour ne laisser jamais échapper les essaims, dire les moyens de détruire radicalement la fausse-teigne, de purger la ruche de la vieille cire, de tenir les abeilles toujours au travail pendant les plus grandes chaleurs, de les empêcher pendant l'hiver, soit de sortir, soit de manger le miel, donner la recette pour empêcher les mâles de naître, et faire éclore à la place des travailleuses, opération qui double les produits, voilà ce que fait ce modeste petit volume, appelé à utiliser tant de richesses qu'on laisse perdre dans les champs, et à apporter plus d'aisance dans le ménage des agriculteurs.

Le livre de M. Roux a encore l'avantage de rassurer les jardiniers et tous les horticulteurs. D'après lui, les essaims non seulement ne nuisent pas aux fruits de nos jardins, mais il prouve que plus il y aura d'abeilles dans les vergers, plus les fruits seront abondants et beaux.

D'après les procédés indiqués par M. Roux, nulle difficulté pour élever les abeilles, nul danger surtout pour visiter les ruches et s'emparer du miel; un enfant peut être chargé de l'opération, sans que la mère la plus craintive ait à redouter l'aiguillon de nos belliqueuses ouvrières.

Grâce à l'heureuse disposition de la ruche, non seulement on peut enlever la récolte de miel en temps voulu, mais encore on peut chaque jour en prendre pour ses repas et jouir ainsi de tout l'arôme, de toute la fraîcheur de ce mets délicieux, et cela sans courir le moindre risque de piqûre de la part de notre petit peuple ailé.

En vente chez tous les libraires et au dépôt central chez M. Roux, auteur-éditeur, quai Saint-Antoine, 36, à Lyon.

Lyon.—Typ. d'A. Vingtrinier.

1857

INTRODUCTION.

I.

Si nous osons, après tant d'autres
plus doctes ou plus inspirés, écrire à
notre tour au sujet des Abeilles et de
leur culture, c'est que nous prenons
confiance dans les souvenirs et dans
les résultats de nos longues expéri-
mentations. De bonne heure nous nous
sommes penché sur ce petit monde
d'insectes; de notre admiration est né
notre amour; nous avons aimé et
nous avons compris. Les mystères de

ces grappes bourdonnantes, suspendues par le créateur aux branches de nos forêts, les secrets de cet art qui les recueille et en exprime un bienfait pour l'homme, se sont peu à peu éclaircis ou révélés. L'étude sur nature nous en a plus appris que la lecture des livres; sans dédaigner toutefois les travaux de nos illustres devanciers, nous pouvons le dire, notre science des abeilles est toute dans notre expérience, toute puisée dans la familiarité, établie par l'affection, entre nous et cet admirable peuple: l'œil et le cœur, voilà les deux instruments de nos ardents et patients efforts.

Nous croyons, aujourd'hui, être arrivé à leur but. Après des essais sans nombre, que n'ont découragé ni les revers ni les années, nous avons enfin trouvé dans le succès régulier

d'une pratique constante le couronne-
ment de nos sueurs. Comme toujours,
c'est dans la simplicité des procédés
que nous avons saisi le nœud du problème. On s'étonnera de la facilité de
notre méthode ; nous nous réjouirons
dans la pensée, qu'à la portée de tous,
elle sera bientôt pour tous une source
de plaisir et de prospérité.

II.

Parmi les industries agricoles, l'apiculture est vraiment la plus négligée.
Elle n'existe qu'à l'état d'exception. Çà
et là, de loin en loin, au milieu de nos
campagnes, on rencontre à l'ombre des
haies fleuries de quelques jardins soli-
taires et à demi-sauvages, les mystérieu-

ses colonies de nos abeilles, de rares amateurs les visitent et les protègent. Les savants, armés de leur loupe, écrivent sur elles des pages d'analyse aussi stériles que profondes. Les poètes, qui sont eux-mêmes des abeilles sublimes, s'en vont, dans leurs tours capricieux, mêler parfois avec elles leurs harmonieuses rumeurs. Mais où sont-ils ceux qui, la main à l'œuvre, cultivent sérieusement, et comme il mérite de l'être, l'art charmant de l'éducation des mouches à miel? Leur nombre est-il proportionné à l'importance d'une telle industrie? Le produit qu'ils en retirent représente-t-il leur peine? est-il en rapport avec la richesse générale du sol de la France?

Dans un pays et dans une époque où l'intérêt donne la fièvre au génie et lui fait soulever, pour ainsi dire, chaque pierre du vieux monde par l'espoir d'un trésor, nous ne comprenons pas qu'on ait oublié l'exploitation des abeilles; elle ne serait pas une des moins productives. Nous jetons chaque année plusieurs millions par dessus nos frontières pour obtenir en échange le miel et la cire, dont cependant nous faisons un trop parcimonieux usage. Les vers à soie ont leurs temples industriels; les poissons ont leurs lacs pour y multiplier à l'infini leur artificielle fécondité; pourquoi les abeilles, si empressées d'elles mêmes au travail, n'auraient-elles pas, elles aussi, leurs dômes et leurs *cités ouvrières?*

L'insuccès des méthodes employées jusqu'à ce jour a découragé les apiculteurs. Entre l'imperfection des anciens procédés et la complication des inventions nouvelles, le campagnard a

passé sans détourner , au hazard d'impuissantes ou impossibles tentatives,
le labeur et les soins que réclamait
ailleurs la culture de son champ. Nul
ne lui a offert les garanties suffisantes
du placement de son temps ; nul ne lui
a montré d'une façon palpable le pain
de ses enfants derrière le miel de ses
ruches ; nul n'a su faire briller à ses
yeux le rayon de l'or dans le *rayon*
même où s'agite l'abeille !

Nous attendons mieux de l'avenir.
Puisse cet exposé pratique des moyens
auxquels la Providence a conduit nos
essais, réveiller, avec la curiosité d'une
aussi intéressante étude, le désir d'un
profit et l'espoir d'un progrès !

LES ABEILLES.

III.

Assez de naturalistes ont fait l'anatomie de l'abeille; nous ne répéterons pas leurs savantes et minutieuses descriptions. Quelques mots rapides sur la création et la vie de cette merveille ailée, suffiront pour remuer les souvenirs ou les attentions.

L'abeille proprement dite, celle qui constitue le peuple, et à laquelle appartient toute l'action, est désignée par ce beau nom d'*ouvrière*. A elle l'intelligence, à elle le travail, à elle la gloire de l'œuvre accomplie.

Considérée en elle-même, son organisme est un chef-d'œuvre. Ses membres sont des outils, et sa destinée est tout entière dans leur exercice. Elle est douée, sur sa petite tête triangulaire, de trois yeux, fixés incessamment vers le zénith, trois diamants à mille facettes, qui percent la nuit et déchiffrent, longtemps à l'avance, les variations du ciel ; deux autres, que protègent les sensibles antennes, ouvrent leurs ovales agrandis aux horizons des jardins. Sa bouche, presque imperceptible, est armée de mandibules ou dents, écailles tranchantes dont elle se sert pour briser ou bâtir avec une adresse et une rapidité surprenantes. Au-dessous de ces deux armes est la trompe, souple, inquiète,

mobile, qu'elle déplie, allonge et re-
tire à son gré, après l'avoir promenée
studieusement au fond du calice des
fleurs. Quatre ailes transparentes la
transportent dans ce domaine en-
chanté en produisant, par leurs bat-
tements mêmes, une variété de son
bourdonnement. Là, au sein de la coupe embaumée que le vent balance, la
petite voluptueuse se livre à mille
ébats. Elle se roule dans la divine
poussière jusqu'à ce que le velouté de
son corps en soit comme enveloppé.
De ses six jambes, quatre garnies de
brosses, se meuvent alors et rassem-
blent en hâte cette poudre odorante
appelée *Pollen*, puis la réunissent en
pelotes qu'elle emporte à tire d'aile
vers la ruche, dans le creux velu de
ses deux dernières pattes. Si elle rencontre en route quelque agresseur imprudent, elle se retourne, à proprement parler, contre lui : à l'extrémité

de son corps est caché l'aiguillon, poi-
gnard terrible, qu'elle ne lance pas
hors du fourreau sans danger pour
elle-même ! Le microscope n'en a pu
grossir la pointe dentelée ; elle entre
comme la flèche, mais si l'insecte n'a
pas le temps de se mouvoir pour la
retirer avec soin, elle reste fixée dans
la plaie et l'abeille mutilée est victime de sa propre colère. Plus heureuse
dans son trajet, parfois une de ses
compagnes vient au devant d'elle et
la décharge de son bagage ; souvent
elle achève toute seule sa course, et
par trois opérations différentes, elle
dépose le *pollen* de ses pattes, dégor-
ge le miel de sa bouche, ou sécrète
plus lentement la cire, ce miel travaillé et transformé dans le secret de
son mécanisme intérieur ! Cela fait,
elle repart. Son activité ne connaît
pas de fatigue lorsqu'au dehors le soleil et les fleurs se rient dans le ciel

bleu. Travailler, c'est là tout son bonheur. Elle ignore l'amour. Elle est fille cependant ; mais fille imparfaite, inhabile à la génération, vouée par nature à la virginité et au dévoûment de chaque jour. C'est une vestale antique. Il fallait qu'elle restât pure pour la pureté de son œuvre. N'est-ce pas elle qui entretient les feux de nos temples ? Elle qui extrait de la plus idéale matière, la cire des flambeaux sacrés !

IV.

Le *faux-bourdon* est le mâle de cette laborieuse famille, mais il ne possède aucune des qualités de l'ouvrière. Deux fois plus gros qu'elle, il n'a, malgré sa force, ni adresse, ni activité. Sa trompe écourtée ne sait pas recueillir

les provisions, tandis qu'il dévore avi-
dement celles que d'autres ont amassées. Ses pattes sont grossières, ses
longues ailes ne lui servent que pour
flaner dans les airs et voler aux plaisirs. C'est un insecte sans valeur, un
égoïste, un ventre satisfait ; il ne vit
que pour vivre et transmettre la vie.
Aussi, sa mission une fois remplie,
disparait-il tragiquement de la société, irritée de sa paresse et de ses
mœurs. Vienne le mois de juillet, un
massacre terrible exécuté par les ouvrières, seules armées d'aiguillons, en
extermine le nombre jusqu'au retour
du printemps prochain.

V.

Mais la plus admirable de toutes
les abeilles, celle qui est le centre, le

lien, l'âme de chaque colonie, c'est *la
Reine*. Elle se reconnaît à la petitesse
de ses ailes, à l'élégance de son corps,
à la projection de son aiguillon, grande épée dont elle ne fait guère usage
que dans une lutte de reine à reine.
Elle est d'une couleur rouge-brun doré
et semble, au milieu des autres, porter une robe de pourpre. En effet, la
toute-puissance lui appartient, ou
plutôt elle règne par une sorte d'at-
trait invincible sur tout son peuple.
Sans cesse entourée, brossée, léchée,
fatiguée même par les offres de miel
et la doucereuse obsession de sa cour
d'honneur, il ne lui est permis de se
livrer à aucun travail. N'a-t-elle pas
celui d'un enfantement presque conti-
nuel? Elle seule est féconde; elle seule
engendre et la prodigieuse extension
de sa maternité est chose presque in-
croyable. Elle surprend davantage encore lorsque l'on considère qu'un seul

acte du mâle suffit pour la fécondation de sa vie entière !

Deux ou trois jours après sa naissance, la jeune Reine sort, inquiète,
isolée, n'inspirant encore nul respect
à la foule indifférente des abeilles ;
bientôt, sous l'influence du soleil et
dans l'instinct de sa destinée, elle ouvre ses ailes frémissantes et, s'élevant
vers le ciel, elle se perd à des hau-
teurs où l'œil ne la peut plus distinguer. Cependant elle ne tarde pas à
redescendre et à regagner sa ruche na-
tale. La multitude la reconnaît, la re-
marque, la désigne ; ce n'est plus la même pour son peuple. On l'acclame de
bourdonnements joyeux. On s'empres-
se autour d'elle. Elle est maîtresse du
pays, elle a droit de mort sur ses jeunes rivales. A tout jamais elle gouver-
ne et enchante la cité. Que s'est-il donc
passé ? Là haut dans le vague des airs,
a-t-elle donc trouvé une couronne ?

Oui, elle rapporte au milieu des vierges le signe puissant de la fécondité ; là est tout le secret de son prestige !

Nous laissons aux imaginations aventureuses la part descriptive de ces amours aériens où se rencontrent dans de mutuels élans la reine et le faux-bourdon. Le zéphir qui les a bercés pourrait seul nous en trahir les mystérieuses langueurs. Tout ce que l'observation nous apprend, c'est que le mâle s'épuise à de telles voluptés. Son organe générateur se brise dans le corps de la Reine qui l'emporte avec elle. Quant à lui, il ne tarde pas à mourir d'un excès dont ni l'utilité ni le plaisir ne comprennent le renouvellement. Un jour nous avons trouvé un faux-bourdon ainsi dépourvu et étendu dans le calice entr'ouvert d'une rose-thé, où il était tombé du ciel, expirant. Pouvions-nous le plaindre? De l'ivresse de la vie il avait passé sans réveil à l'ivresse de la mort.

VI.

Trois sortes d'abeilles constituent ainsi la Société d'une ruche : La Reine qui préside, anime de sa présence, prépare une postérité inépuisable ; les faux-bourdons qui n'ont d'autre peine que de naître, d'autre mérite que de féconder la reine; enfin les ouvrières qui se précipitent à l'œuvre et se partagent activement les divers travaux.

Les relations entre ces insectes intelligents offrent tout un monde d'admiration et de comparaison. Non seulement il est dans leur étude une attache merveilleuse, mais il en ressort un précieux exemple pour l'homme.

On reconnaît l'ouvrage et l'empreinte de la main qui nous a créés. Comme la fourmi, l'abeille a son enseignement. Dieu est derrière toutes ces petites vies; il se meut dans chacun de ces mouvements. Là est l'expression naturelle et vivante de son idée et de son cœur. Il n'y a pas à s'y tromper; voilà l'ordre, voilà le travail, voilà le bien, voilà la vie telle qu'il la veut, telle qu'elle doit être! Observer ici c'est donc écouter; regarder, c'est entendre; la parole du Créateur vous la voyez, vous la touchez, c'est la nature!

Dans un seul groupe de mouches à miel quelle création, quelle variété, quelle harmonie et quelles voix! Elles nous apprennent comment les sociétés subsistent par le respect de l'autorité et comment les individus se conservent par la communauté du travail. Elles évoquent nos plus beaux sentiments; elles nous parlent de nous et de Dieu tout ensemble. Elles aussi racontent à leur manière la gloire du Créateur, et leur édification morale est plus précieuse encore que celle de leurs riches demeures !

Approchez doucement d'une ruche en activité. C'est le matin, un jour de printemps, l'air, tiède encore, s'élève chargé des vapeurs suaves des plantes. Au loin, par la campagne, le thym, le serpolet, la lavande, la sauge odorante exhalent et mélangent leurs haleines nuancées. Le courant des eaux entraîne dans leur fourreau de brouillard les vagues émanations des herbes inclinées de la rive. L'amandier, le pêcher, les aubépines fleuries, toute la neige rose des vergers laisse fondre ses vives odeurs au contact du premier rayon de soleil. Cependant les abeilles réveillées et déjà bourdonnantes, attendent, impatientes, le signal de leur reine. L'heure sonne au cadran de l'azur. Elles s'échappent confuses. Les unes vont au fond des vallons, les autres errent au flanc du coteau ; celles-là s'égarent entre les grands arbres des bois ; d'autres fuient sur la plaine et se posent çà et là entre les points de cette dentelle blanche que brodent les marguerites sur la soie verte des prairies. Les vieux saules à tête grise , les peupliers aux cîmes altières ne leur échappent pas plus que la petite giroflée sauvage ou la violette ouvrant son œil timide entre les grands bras de la ronce extravagante. Elles vont partout ; elles puisent à tout, jusque sur les noirs branchages des pins , jusqu'aux arêtes des roches désossées dont elles lèchent l'âpre suintement. Chacune a sa mission ; chacune doit revenir avec son butin. Elles sont comptées et attendues à la ruche commune. Celles qui reviennent fouettées

par la pluie ou les vents sont entourées des soins les plus délicats. L'hos-
pitalité est de même offerte aux étrangères fourvoyées ou que l'orage surprend dans leurs expéditions lointai-
nes. En un seul cas les hôtellières se
montrent impitoyables , c'est lorsqu'une paresseuse se présente à l'entrée de la ruche, les pattes et la bouche vides ; elles la chassent alors ou ,
se réunissant plusieurs contre elle, la
mettent à mort sans pitié. On en a vu
qui, ne pouvant plus prendre part aux
peines et aux profits de la récolte de
chaque jour, préféraient l'exil à l'hu-
miliation d'un inutile retour : celles-là
s'en allaient mourir de maladie ou de
vieillesse on ne sait où.

Tant que la chaleur les encourage,
les ouvrières vont et viennent de la
montagne à la plaine, du champ au grenier. A peine se donnent-elles le temps
de déposer leurs divers fardeaux.

D'autres, qui sont restées à l'intérieur, y ont aussi leur tâche active ; elles reçoivent, elles placent, elles enserrent les provisions. La reine , au milieu d'elles , exige aussi leurs constants hommages. Cette fidèle souveraine ne sort que peu et rarement. Vers trois ou quatre heures , lorsque le soleil vascille et que son peuple fatigué se repose enfin dans la conscience du bien accompli , elle se permet un tour extérieur, secoue ses ailes, puis rentre en relevant les sentinelles de garde qui , dans toute ruche et à toute époque, défendent la porte d'une attaque ou d'une alerte ennemie.

Voici le soir. Les grands bruits s'éteignent ; la terre est obscure et froide , le ciel brillant et mystérieux. A ce moment les moucherons s'emparent de l'air. Les grillons se donnent le cri dans les sillons lointains. Les rainettes mélancoliques font résonner

le cristal des eaux. Un concert de petites voix, une symphonie en notes
mineures s'élève de tous les points
de la sereine immensité. Les étoiles
scintillent, les insectes leur répondent, les prennant sans doute pour
des sœurs, pour des mouches étince-
lantes qui volent là haut sur d'autres
fleurs plus belles qu'on ne voit pas !
Alors aussi la grande famille des abeilles s'émeut sous son toit, se groupe
en cercle et commence sa prière du
soir. Ce n'est plus le bourdonnement
du travail, ni celui du péril ou de la
colère, c'est un véritable chant où do-
mine le récitatif plus aigu de la *reine-
mère*; chant triste, comme tous ceux
de la terre, monotone comme la plain-
te des vents ou des flots. Elles prient !
La prière est une élévation vers le
ciel; pauvres petites mouches inno-
centes, elles chantent, elles élèvent
donc vers Dieu ce qu'elles peuvent et

ce qu'elles ont, leur cri incessamment
répété !

N'est-ce pas là un touchant rappel
aux lois de l'harmonie universelle ?
Quoi pourrait impressionner davantage et plus favorablement le cultivateur attendri ? Quoi de salutaire comme ce spectacle de chaque nuitée où
l'homme écoute, où l'insecte instruit !
On se défie du prêtre ; on s'éloigne de
l'église du village ; mais le soir, alors
qu'on est seul, pensif, arrêté au seuil
obscurci de son jardin, un cantique
se fait entendre ; il s'élève de dessous
l'humble dôme de ses ruches, et c'est
une mouche qui l'a entonné !...

Cependant tout n'est pas édifiant
chez les abeilles. On nous objectera
justement l'existence dégradante des
faux-bourdons. Quel n'est pas aussi
leur châtiment ! Leur destruction a
sans doute quelque chose de barbare
et qui répugne, nous n'en doutons pas,

aux mœurs habituelles des pieuses abeilles. Mais ce massacre est indispensable pour le salut de la colonie. Ces gros mangeurs absorberaient à eux seuls tout le miel des réserves. Ils sont nombreux ; mille à deux mille dans une communauté d'ouvrières ; ils sont avides et n'ont d'autre instinct, après celui de la génération, que bien peu d'entre eux trouvent à satisfaire, que pour la consommation du miel et de la cire. Ils doivent périr : c'est pour eux la loi, c'est pour nous l'exemple !

Nous expliquerons bientôt, du reste, de quelle manière nous évitons aux ouvrières cette scène de carnage en empêchant la naissance même des mâles, toujours répandus dans l'espace en nombre suffisant pour la rencontre et la fécondation des reines. Désormais, d'après notre procédé, le temps ne se perdra plus dans des lut-

tes sanglantes qui duraient jusqu'à
vingt jours à l'époque où les jours
sont les plus précieux. Les ouvrières
y gagneront à la fois la multiplicité
de leur espèce, l'abondance de leur
épargne, et la perfection de leur civilisation.

LES ALVÉOLES.

VII.

Ce n'est pas tout. Il faut voir davantage, il faut s'émouvoir encore de la tendre sollicitude des abeilles pour leur jeune postérité. Les *ouvrières* sont, dans leurs travaux, surprenantes de dextérité et de zèle ; mais celles d'entre elles qui se sont consacrées à l'éducation de la progéniture des reines, et ont été nommées, pour cela, *abeilles-nourrices* ne méritent pas moins la sympathie de l'admirateur.

Nous ferons mieux comprendre leur rôle, nous pénétrerons plus aisément le mystère de la triple reproduction des reines, des mâles et des ouvrières, après que nous aurons rappelé en quelques mots la forme et le but des alvéoles.

Tous savent que l'on entend par ces mots *rayons*, *gâteaux* ou *couteaux*, l'ensemble des alvéoles, ou cellules construites en cire, composant le logement et le cellier d'une colonie d'abeilles. Ces cellules sont, pour la plupart, hexagones, plus profondes que larges, placées horizontalement et aérées par des couloirs intérieurs qui aboutissent à la sortie de la ruche. Elles servent à deux fins, à renfermer le miel et le pollen, c'est-à-dire les provisions ordinaires des abeilles, ou à contenir les œufs pondus par la

Reine. Tonnes ou berceaux, elles sont fermées par un couvercle plat chez les premières, et légèrement convexe chez les secondes. Les mêmes cellules sont utilisées successivement pour les deux grands besoins de la communauté et celle qui vient d'être un berceau, bientôt nettoyée et repolie, se remplit comme une petite tonne des vivres destinés au passage de l'hiver. Cependant, comme la chaleur est l'élément indispensable et vivifiant des jeunes abeilles, c'est au centre de la ruche, quelle qu'elle soit, que la reine dépose sa ponte. Le haut est plus spécialement affecté à la conservation des récoltes.

Un fait remarquable et dont nous déduisons un principe, base de nos opérations nouvelles, c'est celui de la différence sensible des berceaux entre eux. Ils présentent trois formes et trois capacités bien distinctes, correspondant aux trois sortes de mouches qui doivent en sortir plus tard. Des alvéoles les plus nombreux, tels que nous venons de les décrire, s'échappent en brisant leur couvercle, les abeilles ordinaires. Il en est d'autres, plus larges et plus bombés ; ceux là voient éclore les faux-bourdons, enfin une troisième espèce plus rare, d'une grandeur et d'une épaisseur telle qu'il lui faut autant de matière que pour cent alvéoles d'ouvrières, se détache en manière de stalactite et en forme de gland le long des parois de la ruche ; ce sont les berceaux des reines futures. Elles y attendent, la tête en bas, le moment d'ouvrir leur prison et de se relever en souveraines au milieu de leur peuple. Voyez fig. XI.

Or, ces trois architectures, œuvres instinctives des ouvrières, déterminent à elles seules la différence entre les abeilles qui vont y naître. La reine-mère, fécondée par le mâle, ne porte en elle qu'une espèce d'œufs. Selon qu'elle le dépose dans tel ou tel alvé-ole, il en sort un mâle, une ouvrière ou une reine. S'il venait à manquer de cellule royale et que les abeilles trop peuplées et obligées de se diviser en colonies, eussent besoin d'une reine nouvelle, elles sauraient s'en préparer une en agrandissant soudain le ber-ceau d'une ouvrière dans les propor-tions d'une cellule royale. Si, encore, on parvenait à enlever tous les al-véoles destinés aux mâles, les ou-vrières ne les reconstruisant point, il ne naîtrait pas ailleurs de faux-bour-dons, preuves évidentes que le berceau est comme un moule et que tout œuf de reine est également bon, suivant le réceptacle où il se développe, pour former les trois espèces dont se com-pose la jeune famille (1).

(1) Nous avons fait et renouvelé à ce sujet

Il n'y a donc qu'une nature de ponte. La reine commence la distribution des œufs dont elle est chargée deux ou trois jours seulement après sa rencontre du mâle, et, pour les années subséquentes, à l'entrée du printemps ; elle continue capricieusement jusqu'aux premiers souffles de l'hiver, atteignant quelquefois, dans sa royale fécondité, le chiffre fabuleux de 60 à 80 mille espérances ! Avant de déposer un œuf, elle a soin de passer la tête dans l'alvéole et d'en examiner l'état, puis elle se retourne, y entre à recu-

une expérience qui ne permet plus aucun doute. Transposant les œufs de divers alvéoles nous avons obtenu chaque fois une abeille déterminée par la nature de son nouveau berceau. L'œuf pris dans une cellule royale, a donné une ouvrière dans une cellule d'ouvrière et réciproquement. Peut-on nier, après cela, l'identité des pontes soumises seulement à l'influence des différents berceaux ?

lons et jette dans le fond le petit œuf bleuâtre qui contient le ver ou *larve*. Durant trois jours cette larve, roulée sur elle-même et comme étonnée de vivre , est sustentée par les abeilles nourrices, qui, selon sa case et sa destinée , lui apportent une nourriture spéciale : un mélange plus ou moins fortifiant de miel et de pollen. Alors la cellule se ferme, le ver isolé est livré à lui-même ; il file sa coque ; trois jours encore et il devient *nymphe*. A travers sa blanche enveloppe de nymphe on ne tarde pas à distinguer tous les linéaments de la vie, toutes les articulations du corps vivant ; une huitaine se passe, l'enveloppe tombe et l'insecte aîlé et remuant fait maints efforts pour franchir les dernières limites du néant à l'être ; il ébranle sa porte, il attaque avec ses petits mandibules le couvercle de cire de sa prison. Chose étrange ! nulle, de l'extérieur, ne lui vient en aide. Les abeilles, il y a peu de jours, si soigneuses, si tendres, sont alors indifférentes à ces premiers efforts de la vie impatiente. Bien plus, il arrive, en certaines circonstances, lorsque par exemple la population déborde et ne peut coloniser faute de beau temps, que l'on renforce de cire la porte des cellules d'où doivent sortir les reines futures. Un travail de quelques heures suffit ordinairement à la jeune ouvrière pour se délivrer. Elle est alors accueillie avec empressement par ses compagnes ; elle est l'objet de tous les soins. C'est à qui la choiera, la brossera, lui offrira du miel et l'achèvera à la vie. Elle reçoit enfin les félicitations publiques.

Dès le lendemain elle butine sur les fleurs et partage les travaux (1).

(1) Lorsque les nymphes n'ont pas été assez

Ces vers, ces nymphes s'appellent *couvain*. Le couvain, renfermé dans la cellule royale, présente cette différence d'avec le couvain vulgaire, qu'il parcourt plus rapidement toutes ses métamorphoses. Aussi est-il plus soigné par les abeilles nourrices. A lui la meilleure et la plus copieuse pâtée. Autour de lui, surtout dans un air plus chaud, se presse et s'agite la foule ardente, et l'on sait que pour toute vie

fortes pour briser leur couvercle de cire, lorsqu'elles meurent impuissantes dans leur berceau, les ouvrières vont alors elles-mêmes enlever les petits cadavres et les déposent au loin. La porte de cire est une épreuve fatale que toute abeille doit surmonter pour mériter la vie ; celles qui n'ont pas eu, à l'état de larve, assez de chaleur ou de nourriture, celles qui sont avortées ou contrefaites expirent ainsi avant d'arriver à la société, uniquement composée d'abeilles viables, vigoureuses, utiles.

comme pour tout cœur, la chaleur, c'est l'épanouissement.

VIII.

Nous avons nommé le *Pollen*, cette poussière fécondante des fleurs mâles, que les abeilles vont ramasser principalement dans le but de nourrir leurs larves chéries. Correspondant au pollen dans l'ordre des récoltes nous trouvons le miel, sorte de sécrétion végétale, extraite de l'organe femelle des végétaux.

La cire n'est autre que le miel travaillé, épuré dans le corps de l'abeille ; elle est de beaucoup la plus abondante.

Outre ces trois substances principales il en est une quatrième, plus infime, dont les ouvrières se servent

uniquement pour mastiquer et enduire leur demeure, c'est la *propolis*.
elles la recueillent sur les arbres, tels
que le peuplier, le sapin , le bouleau
ou le saule. La propolis forme le ci-
ment indispensable et préalable à toutes les constructions. Ces quatre matériaux, pollen, propolis, miel et cire,
se trouvent dans toutes les ruches
possibles. Là se borne aussi le talent
et le domaine de l'abeille. Mais dans
ce cercle restreint que d'intelligence
déployée et que de richesses amassées !

IX.

D'innombrables détails de mœurs
pourraient encore nous retenir fixés
dans la contemplation du travail, des
combats, des ruses ou des tendresses
des abeilles. Nous ne répéterions pas

sans intérêt toutes les délicates observations dont elles enchantent les
heures. Soit que l'on décrive le découragement de ces insectes impres-
sionnables lors de la caducité de leur
vieille reine et dans les phases ter-
ribles de leurs maladies, soit que l'on
regarde d'un œil admirateur l'abeille
qui bat de l'aile à l'entrée de la ruche
pour en raffraîchir et en renouveler
l'air intérieur, soit enfin qu'on en voie
une passer dans le vent et voler droit
au logis, le corps lesté par un grain
de sable que retient sa patte ingénieuse, c'est toujours la sympathie
qui s'éveille , et l'étonnement qui
attache. On prend part à leurs luttes;
on assiste, comme elles, silencieux et
respirant à peine, aux tournois des
jeunes reines, nées le même jour dans
une ruche dont elles se disputent
l'empire. On n'écoute pas sans per-
plexité le clairon de fureur d'une sou-

veraine, promenant pour la première fois sa vue sur les grands alvéoles de ses futures rivales ; le crescendo des bourdonnements tumultueux, les clameurs d'une révolution, l'embrasement du peuple qui étouffe alors dans la chaleur même qu'il excite et s'échappe enfin à la suite de son antique souveraine, pour fonder au loin une autre Rome plus pacifique, tout cela est émouvant, tout cela est presque humain ! Il serait difficile de ne pas le regarder dans une attention vive et profonde. La nature n'est-elle pas là, comme partout, un miroir ? elle réfléchit toujours une double image : celle de Dieu et celle de l'homme. La création n'est attrayante que parce que l'une s'y reflète, elle n'est intéressante que parce que l'autre s'y reconnaît.

Chemin faisant, et tout en décrivant, dans les pages qui vont suivre, les procédés de notre méthode pour la culture des abeilles, nous aurons mainte occasion de raconter les charmantes et douces choses que nous avons observées. Nous parlerons alors plus longuement de la formation des essaims et du grand mouvement qu'elle entraîne et ramène chaque été dans l'existence de ce petit peuple à têtes vives. Auparavant nous allons exposer tous ensemble les divers instruments, selon nous nécessaires pour la manipulation et l'éducation complète des abeilles.

LES APPAREILS.

X.

Le premier de tous et celui d'où dépend le succès des opérations comme la destinée même des abeilles, c'est la *ruche*. A ne consulter que l'exemple de la nature, la forme et la disposition de ce logement semblent peu importantes pour la réussite et la multiplication des colonies; en l'état de liberté, nous les rencontrons indifféremment établies dans les creux tortueux des vieux arbres, dans les anfractuosités des rochers, aux brèches des murs écroulés et tout abri, si pauvre qu'il paraisse, leur est bon pour prospérer ; oui, sans doute ; mais n'oublions pas qu'une fois sous notre puissance nous leur demandons autre chose que leur croissance et leur bonheur intérieur. Elles deviennent nos tributaires; nous devons à la fois les faire fructifier pour nous et les soigner dans l'intérêt de leur propre conservation. Le problème à résoudre est, après tout, celui-là même que se pose un chef d'atelier au milieu de ses ouvriers dont il active chaque jour le travail en rêvant un moyen de baisser de plus en plus le salaire, accroître le produit, diminuer la consommation : telle est partout la grande question ; or s'il nous est permis d'être adroit il nous est défendu d'être barbare.

On comprend, dès lors, toutes les recherches qui ont été faites jusqu'ici dans le but de loger les abeilles de la manière la plus commode et la plus profitable. Nous ne passerons pas en revue toutes ces combinaisons, plus ou moins ingénieuses et approchantes du succès. Une seule nous paraît réunir les avantages désirés et prévenir les inconvénients redoutés. Loin de nous la prétention d'une invention première. Notre ruche n'est que le perfectionnement de celle dont nous avons commencé par faire usage. Elle a le dernier mot de la question, voilà tout. Le prix que nous avons obtenu à l'Exposition agricole de Paris, a été moins donné à notre mérite personnel qu'à l'ensemble des efforts dont nous avons été assez heureux pour réunir l'extrême bout et toucher le dernier but.

Notre ruche à dôme, comme on peut

la voir (figure I), est une véritable demeure à trois étages circulaires, mobiles, d'égales capacités, dont le supérieur a la forme arrondie d'une coupe renversée : c'est dans cette coupe que s'amassent les provisions et l'homme la retourne pour en prélever sa part. Les deux autres étages servent particulièrement de foyer aux abeilles ; c'est là que repose le couvain ; c'est là que l'intelligence de l'apiculteur doit pénétrer avec nous pour suivre nos opérations.

Ces trois parties distinctes et posées les unes sur les autres, ont l'apparence d'une tour, reposent sur un siége ou planche épaisse, de tous côtés débordante, dans laquelle est entaillée la rainure qui sert d'unique entrée à la ruche. Ce siége lui-même est assis sur une espèce de table élevée et plus ou moins longue selon le nombre de

Fig. 1.

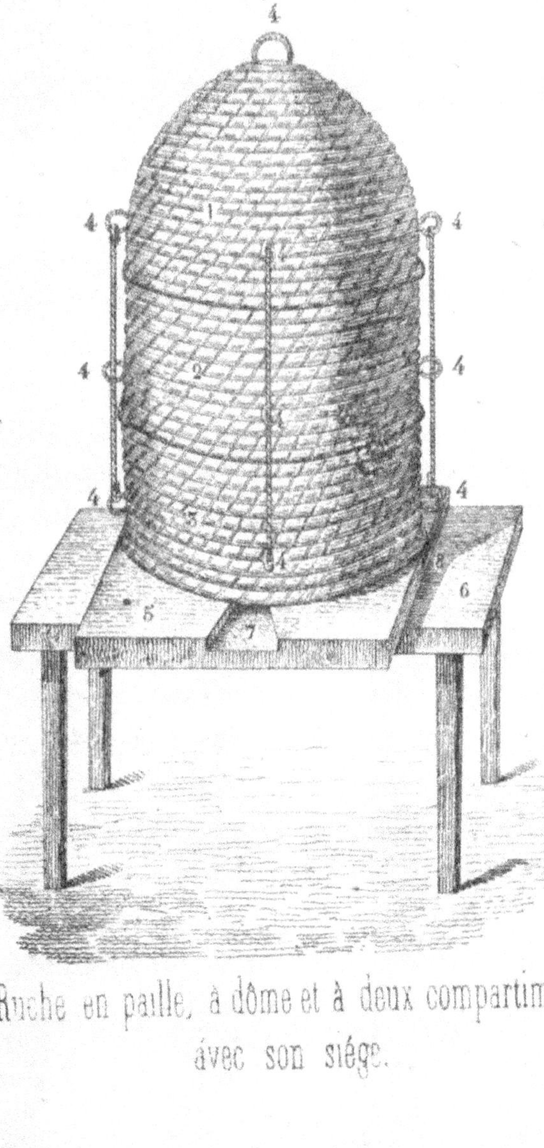

1 Dôme.—2 1er compartiment.—3 2e compartiment.
4 Anneaux pour attacher les compartiments et le dôme ensemble.

5 Siége.—6. Table—7. Ouverture ou rainure pour le
passage des abeilles.—8 Ouverture de communication.

Ruche en paille, à dôme et à deux compartiments,
avec son siége.

ruches que l'on préservera ainsi de
l'humidité du sol et de toutes attein-
tes ennemies.

Notre ruche est construite en paille
tressée d'osier. Ce sont là les seuls
matériaux nécessaires, les seuls parfaitement appropriés à la nature des
soins que réclament les abeilles. Le
bois, quelquefois employé, a l'inconvénient de se fendre sous les coins
d'un soleil ardent, de favoriser surtout
les attaques et l'établissement des insectes nuisibles aux abeilles. La paille, au contraire, est douce au contact,
elle est fraîche en été, elle est chaude
en hiver. Elle constitue davantage ce
qu'on appelle le nid. Elle renferme
mieux une température plus égale.
Elle absorbe enfin l'humidité intérieure, qui, se déposant également sous
les parois voûtées de la ruche, ne tarde pas à suinter jusqu'au dehors où
l'air l'emporte.

Rien de plus aisé que de construire
soi-même les divers compartiments
de cette légère demeure. Il suffit de
choisir une poignée de paille fraîchement coupée et pure de toute souillure
animale, de prendre ensuite pour la
tresser et la retenir en rouleaux de 10
à 12 centimètres de tour, des liens
d'osier, ou simplement de la ronce,
du noisetier ou du châtaignier décou-
pés en lanières flexibles. L'on forme
ce rouleau sur un modèle en planche
circulaire d'environ 35 centimètres de
diamètre, et l'on *boudine* par dessus,
à diamètre égal, la corde de paille
jusqu'à la hauteur que l'on juge à propos de donner à un étage, 15 centimètres par exemple. On répète cette
opération pour former le deuxième
étage et le dôme dont on vient à bout
facilement pour peu qu'on ait vu fa-
çonner un panier ou monter un fond
de chapeau de paille. Au bas de cha-

que étage il convient d'ajouter un
cordon extérieur, toujours de la nature du rouleau, qui a cette double fin
de préserver les lignes de jointures
du retour des eaux, et de consolider
l'ensemble des parties par une sorte
d'emboîtement. Il va sans dire que
les tours de rouleaux doivent être re-
liés les uns sur les autres par les enroulements mutuels des liens d'osier;
des tenons placés de distance en distance et se correspondant sur chaque
étage, serviront à les fixer une fois po-
sés. Cela fait, il faudra prendre garde
à ce qu'aucune inégalité trop sensible
ne dépasse à l'intérieur : les soigneuses abeilles perdraient un temps con-
sidérable pour scier les brins de paille qui gêneraient ainsi leur commode
installation.

Tout ne sera pas encore terminé.
Si l'on réunissait simplement les trois
corps de la ruche, les abeilles cons-

truisant partout leurs alvéoles, lorsqu'il faudrait , dans un but quelconque, séparer ses parties, il s'opèrerait
dans les travaux intérieurs un véritable déchirement. Les alvéoles bri-
sées répandraient leurs richesses. Le
petit peuple inondé se noierait dans
ses onctueux trésors. Chaque récolte
serait une destruction. Aussi impor-
te-t-il de construire un plancher entre
chaque étage. Ce plancher doit non-
seulement ouvrir des passages faciles
à la communauté laborieuse , mais
encore se faire oublier, pour ainsi dire, le plus possible dans l'unité de la
ruche. Il sera donc construit, non en
planche, mais en osier tressé, comme
le représente la figure 2, ayant quatre
ouvertures aux côtés et une au centre de un ou deux centimètres de
diamètre. Comme les abeilles ne font
descendre leur gâteau qu'à un centimètre de chaque plancher, on com-

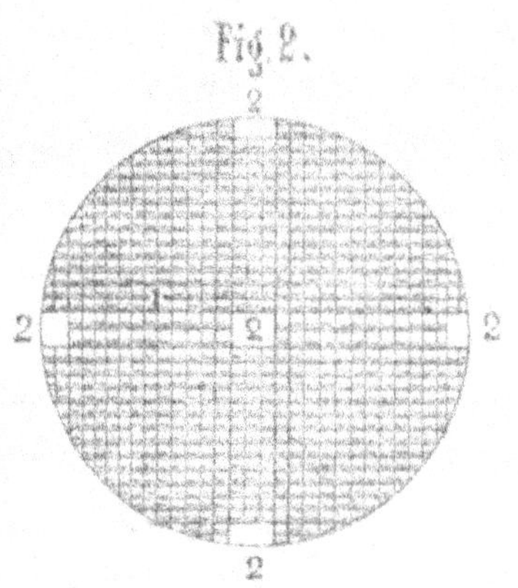

Fig. 2.

Séparation en osier.

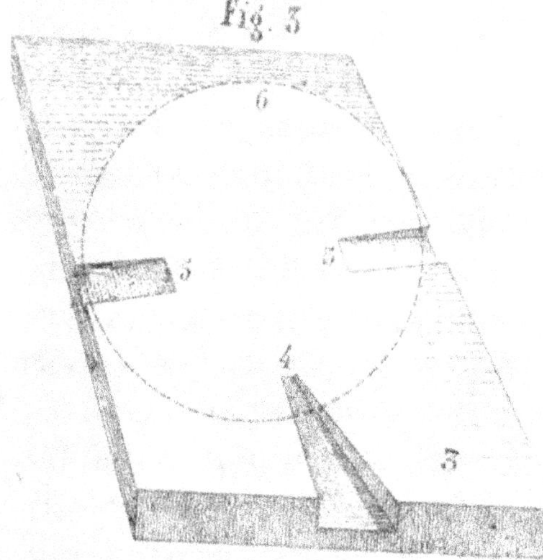

Fig. 3

Siége vu à plat.

1. Séparation des compartiments de la ruche à dôme en osier et tressée.
2. Ouverture pour le passage des abeilles.

3. Siége
4. Rainure pour l'entrée des abeilles dans la ruche, se rétrécissant en avançant et en pente.
5. Rainures droites et en pente des côtés, servant à communiquer d'une ruche dans une autre.
6. Rond marquant l'emplacement qu'occupe la ruche à dôme.

prend que la circulation s'effectuera très-aisément, que l'air sera partout le même, et que l'enlèvement du dôme ou d'une autre partie s'opérera sans la moindre brisure et à l'endroit même des couloirs.

Quant à l'entrée de la ruche, elle sera creusée dans l'épaisseur même du siége et constituera un des principaux avantages de notre système; il importe de la bien expliquer.

Au socle en bois , épais de plus de deux centimètres , sur lequel repose le dernier étage de la ruche, il faudra pratiquer une rainure de 9 centimètres de longueur sur 6 de large ; entaillée de deux centimètres sur le bord de ce siége, cette ouverture doit aller en se diminuant de profondeur jusqu'à atteindre la surface de la planche, c'est-à-dire au 9me centimètre de sa longueur, de telle sorte que lorsque la base de la ruche, mo-

bile sur son plateau, avance, son
entrée grandit et lorsqu'elle recule
et arrive au sommet de la rainure,
l'entrée n'existe même plus. Il importe
que le plateau dépasse la ruche de
3 centimètres sur le derrière et de
6 sur le devant.

Deux autres entailles de même
nature seront encore ménagées de
chaque côté du siége ; elles ne serviront que pour faire communiquer
deux ruches rapprochées l'une de
l'autre, n'auront qu'une largeur de
deux centimètres, une longueur de
sept centimètres et leur usage ne
sera qu'exceptionnel. (Voyez fig. 3).
Telle est la ruche à dôme, aussi simple,
comme on le voit, dans sa construction
que propre à ménager l'économie des
abeilles. Elle permet tout à l'apiculteur et elle ne compromet en rien
l'existence de la colonie. Nous avons
maintes fois apprécié son usage et

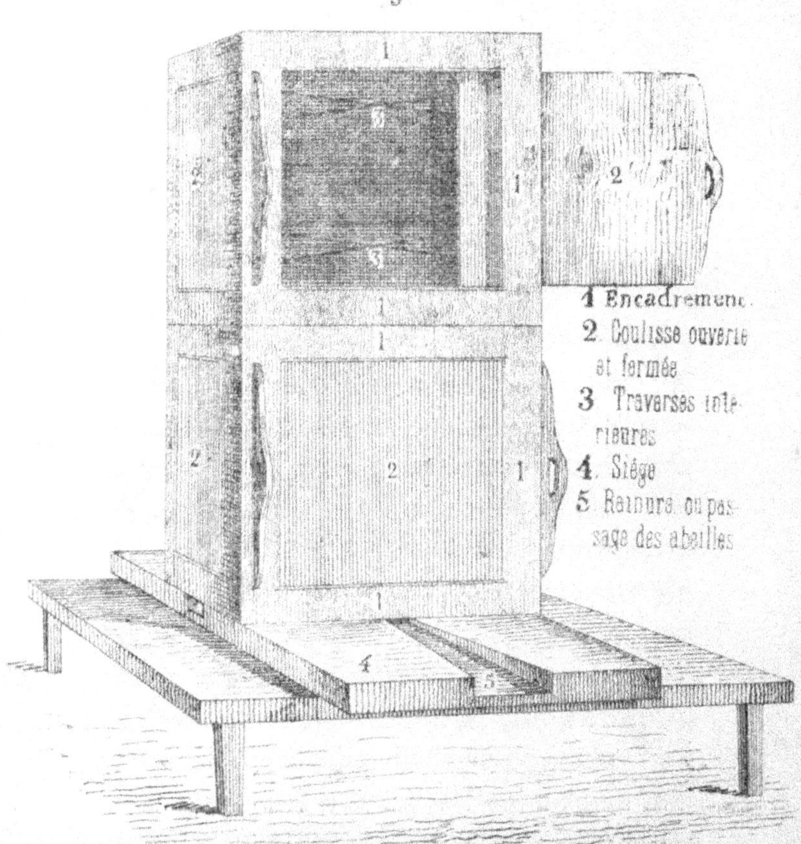

Ruche à vitre pour faire des expériences et voir
travailler les abeilles.

admiré avec quelle régularité les travaux se reprenaient et se continuaient
après chacune de nos visites inté-
ressées. Une ruche à vitre, quoique de
même nature, nous sert alors pour ces
sortes d'observations. Il nous semble
inutile de la décrire dans un traité
aussi resserré et spécialisé à l'utile que
celui-ci ; nous en donnons le dessin,
figure 4, et nous invitons les curieux
à venir joindre leurs yeux aux nôtres,
pour surprendre avec nous, de derrière
un verre, les secrets édifiants d'un
monde jusqu'ici trop peu populaire.

XI.

La ruche, si bien construite et si
bien exposée qu'elle soit, ne serait pas
assez protectrice contre les grandes
chaleurs ou les grands froids, si on

ne plantait, de chaque côté, des piquets garnis d'un rideau de paille, comme on en voit un représenté fig. 5, cet auvent porte en outre une toiture mobile, également en paille, qui s'élève et s'abaisse à volonté, suivant les variations de la température ; il a l'extrême avantage sur les surtout, aujourd'hui en usage, qu'il n'étouffe pas la ruche, laisse passer l'air et cependant peut se refermer, degré par degré, jusqu'à cacher entièrement les rayons du soleil d'hiver aux abeilles que ces rayons trompeurs réveillent, abusent et attirent quelquefois dans les champs, où elles tombent bientôt saisies par le froid sur un immense linceul de neige. Par le moyen de notre toiture nous simplifions beaucoup les soins de l'été comme ceux de l'hiver. Nous parons sans peine et sans inconvénient à toutes les éventualités et à toutes les intempéries fu-

1. Toit supérieur mouvant {
2. Toit de derrière fixe } faits en paille avec cadre en bois
3. Piquets de devant, le long desquels le toit supérieur se lève ou s'abaisse en s'appuyant.
4. Piquets en fourche pour servir d'appui au toit de derrière

Fig. 5.

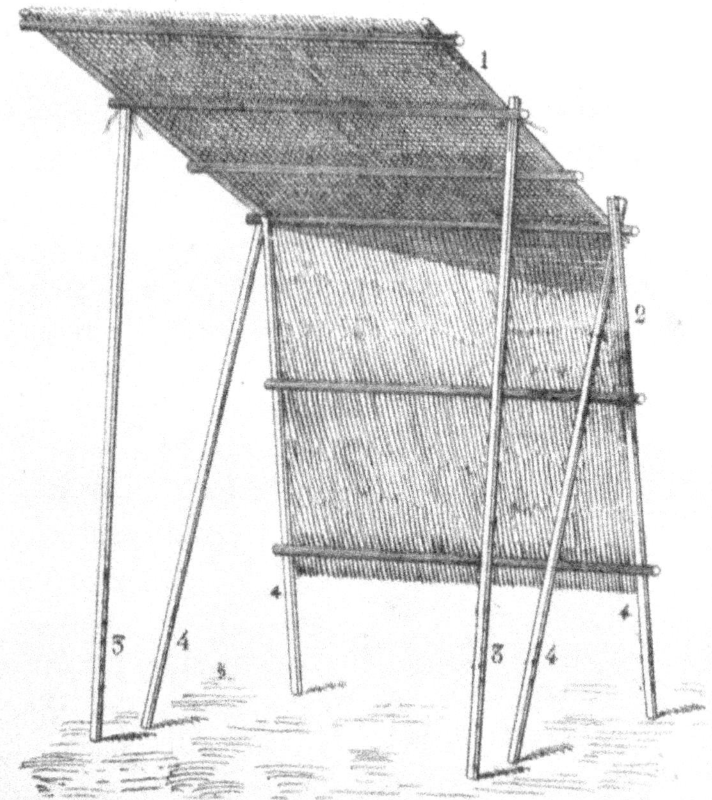

Toiture en paille pour préserver les abeilles des intempéries du soleil l'hiver, et de la chaleur l'été.

nestes. La pratique seule peut appré-
cier notre modeste innovation ; nous
n'avons fait ici, après tout, pour les
mouches à miel, qu'une application du
système et du régime employés dans
quelques-unes de nos serres. Fleurs
et abeilles vivent sous les mêmes
influences : le même rayon de soleil
fait ouvrir dans l'azur ou leurs cœurs
ou leurs ailes ; la même goutte de
pluie met une larme à leurs yeux !

XII.

Parmi les appareils, disposés par
nous et nécessaires au succès de l'é-
ducation des abeilles, nous indiquons
encore l'abreuvoir (fig. 6). Trop souvent il arrivait que nos chers insectes
étaient victimes de leur imprudence
aux heures de leur soif. Nous en avons

vu fréquemment glisser après avoir
laissé mouiller et alourdir leurs ailes
aux bords des eaux. La lentille verte
des étangs ou la cime perfide des herbes aquatiques en a bien souvent
trompé et noyé en fléchissant subi-
tement sous leur poids. Le flot entraî-
nant des ruisseaux les a maintes fois
emportés dans les tourbillons de son
écume. Nous avons d'abord cherché à
fuir le danger en éloignant les ruches
des cours et des mares d'eau. Mais
enfin il fallait bien désaltérer la multitude fiévreuse aux jours desséchants
de l'été. C'est alors que nous avons
imaginé de remplir un bocal en verre,
d'en entourer le col avec un tortillon de
paille, puis de renverser le tout sur un
plat quelconque où l'on aura disposé
d'avance quelques brins de paille en
croix. Il arrive que l'eau se répand
alors et filtre à travers les anfractuosités de la paille tout autour de l'orifice

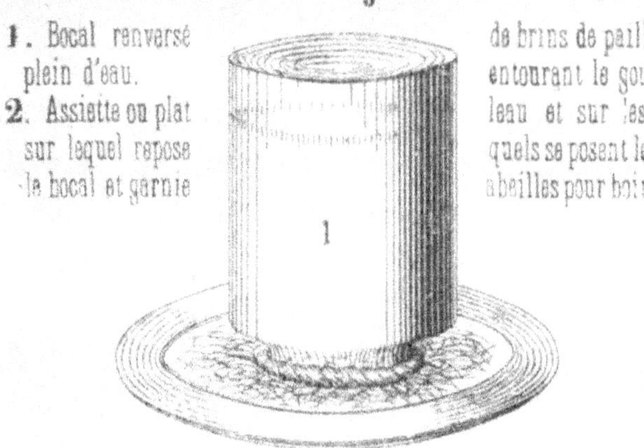

Appareil pour donner à boire aux abeilles.

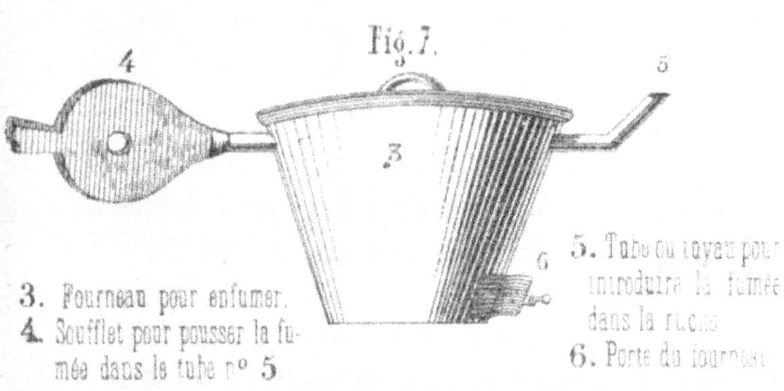

Fourneau enfumoir avec son soufflet.

du bocal renversé : cette eau y arrive pure, en manière de rosée, et les abeilles, voltigeant à la fraîcheur qui les attire, se posent sur les irrégularités même de la paille humide, abreuvant doucement leur trompe sans autre péril que de changer d'échelons.

XII.

Nous aurons plus loin, au chapitre des opérations, à mentionner quelques instruments qu'il est bon de désigner d'avance pour ne pas embarrasser nos explications.

Tel est l'*enfumoir* (Voyez fig. 7), c'est un réchaud en tôle à deux ouvertures latérales et correspondantes. A l'une est adapté un soufflet, à l'autre s'avance le tube prolongateur, en sorte que l'intérieur du réchaud est

comme un second ventre du soufflet.
Dans cet intérieur fermé d'un couvercle et sur la grille du foyer on jette
du linge ou du foin, substances qui
dégagent une épaisse fumée. L'appareil ainsi garni on introduit l'extrémité du tube par une des ouvertures de
la ruche et l'on fait mouvoir le soufflet.
La fumée chassée par l'air chasse les
abeilles à son tour ; elles se retirent
devant les sombres enroulements de
la fumée, et l'opérateur avançant alors
la main en pays conquis, taille, récolte, visite ou dispose sans péril.

XIII.

Le couteau, dessiné fig. 8, devra
être sans cesse entre les mains de
l'apiculteur. Avec son aide il recueillera le miel, il taillera la cire des ru-

Fig. 8. 1 Masque en grillage.—2. Étoffe composant le costume 3. Petits coussins attachés dans l'intérieur du masque et l'empêchant de plaquer sur la peau —4. Gants sacs n'ayant que le pouce de fermé

Fig. 9.

Accoutrement en étoffe avec masque en grillage pour éviter la piqûre des abeilles.

ches, il détruira principalement les alvéoles contenant le couvain des faux bourdons. C'est là sa raison d'être dans la forme indiquée. Son extrémité, recourbée comme une main penchée au bout du bras, a pour but de pénétrer plus ou moins loin dans la ruche et de s'y promener en détachant une tranche, déjà coupée sur ses côtés, et qu'il sera ainsi facile à l'opérateur d'attirer jusqu'à lui. Quant à son extrémité droite et applatie, elle fera l'usage d'un ciseau ordinaire.

XIV.

Enfin comme complément de tout l'attirail qu'exige le soin des abeilles et les précautions de l'homme, vient l'*accoutrement* (voyez fig. 9), il se compose d'une veste en étoffe épaisse,

d'un masque en toile métallique, de
la nature de celui des maîtres d'arme
et d'une paire de gros gants de même
étoffe que la veste, et n'ayant que le
pouce de distinct. Ces trois sortes de
pièces n'en font qu'une car elles
doivent être cousues et unies les unes
aux autres de façon à ne point laisser
d'interstice, et de passage à l'insecte
qui, emprisonné alors entre le costume et la peau, ferait dans sa colère
de très-cruelles piqûres. Cet accoutrement se revêtira comme une blouse
de plongeur, il sera serré à la ceinture,
précaution qu'il faudra étendre au bas
des jambes. Le couteau à la main et,
ainsi armé, avançons!

LES OPÉRATIONS.

XV.

Bien choisir l'emplacement des ruches est à quoi l'apiculteur s'attachera avant toute autre chose. Les abeilles, elles-mêmes, apportent le plus grand discernement à la fondation de leurs nouvelles colonies. Lorsqu'un essaim vient de s'échapper d'une ruche mère, il attend toujours, suspendu en grappe à quelque bran-

che d'arbre, que ses émissaires s'in-
quiétant au loin, à plus d'une lieue à
la ronde, de la découverte d'un site
favorable, reviennent l'avertir et le
diriger; alors on voit, chose admirable, l'essaim, en rumeurs joyeuses,
s'élancer comme un seul insecte et
fendre l'air en droite ligne, jusqu'à
l'endroit choisi où il s'abat. C'est toujours dans le fond plein de soleil d'un
charmant paysage. Le voisinage des
prairies, l'inclinaison des collines,
l'abri des grandes forêts, le silence des
vallées verdoyantes, sont lieux chers
aux abeilles. Elles ont les instincts
des ames vouées à Dieu dans les soli-
tudes. Elles fuient le tumulte des
villes, l'agitation des routes, tous les
bruits qui ne sont pas ceux de la
grande et sereine nature. Cependant,
petites et délicates qu'elles sont, les
gros vents leur font peur; le tapage
des torrents ou les soulèvements ora-

geux des lacs leur est un suprême
effroi. Il leur faut de calmes et riants
déserts, des déserts peuplés de mille
fleurs et protégés par la stature des
grands bois silencieux. Insecte reli-
gieux qui n'aime recueillir et méditer
son miel qu'aux plus profondes et
aux plus parfumées des retraites !

Le propriétaire devra se conformer
à ces poétiques tendances ; ses ruches
ne réussiront qu'autant qu'elles seront
heureusement situées dans la convenance et le bien-être des abeilles ;
ainsi il aura particulièrement soin
d'éviter les terres arides, les eaux
dangereuses, les murs brûlants, ou
les expositions froides du nord ; celle
du levant sera d'ordinaire la plus
favorable. La température est, en effet,
une question de vie ou de mort pour
les abeilles ; sans doute elles s'accli-
matent dans les pays les plus glacés :
la Sibérie les voit prospérer ; mais si

elles y subissent les duretés de l'hiver
ce n'est qu'en s'agglomérant et en se
serrant les unes les autres dans l'immobilité et l'engourdissement d'une
mutuelle chaleur. Si, ranimées par
quelques rayons de soleil capricieux,
elles rencontraient autour de leur
demeure d'humides brouillards, d'er-
rantes vapeurs ou l'âpre sifflement
d'une bise fatale, cela suffirait pour
les faire tomber et mourir. De même
les trop cuisantes chaleurs leur sont
insupportables, soit à l'intérieur, soit
à l'entrée de la ruche; elles concourent
toutes pour y remédier: plantées sur
place et raidissant leurs six pattes,
elles agitent leurs ailes en guise d'é-
ventail, et, pendant des semaines entières, elles battent ainsi l'air jusqu'à
épuisement de leurs forces et étourdis-
sement de leurs sens, pour rafraîchir
leurs constructions embrasées ; mais
cette ingénieuse ventilation ne suffit

pas toujours à prévenir la fonte intérieure de la cire, qui alors laisse échapper le miel des alvéoles et fond comme l'avalanche sur tout le village étouffé; c'est alors que les abeilles désertant la ruche se suspendent au dessous de la planche du siége, avec leur reine qui cesse de pondre dans les berceaux ramollis. Toutes renoncent alors aux travaux, et, ramassées en grappes, elles se pelotonnent, pour ainsi dire, découragées jusqu'à ce que la fraîcheur vienne les engager à rentrer dans leur demeure consolidée et à reprendre leur vie active.

Il importe donc beaucoup de ménager un emplacement agréable pour les ruches. Non loin, doivent se rencontrer les diverses plantes dont elles affectionnent les sucs : le thym, le serpolet, la marjolaine, la sarriette, l'aster, le baume, la flambe, le jasmin, la petite centaurée, le mélilot, le genêt, etc., les champs de la luzerne, de la fève de marais, du trèfle, du sainfoin, leur seront des mines d'or où elles puiseront, sans se lasser jamais. Parmi les arbres, les chênes, les érables, les coudriers, les ormes, les acacias, les tilleuls, tous les arbres des vergers, l'amandier, le pêcher, le pommier, le cerisier, etc., fourniront encore une abondante part de récolte.

Enfin, on écartera des ruches, les eaux croupissantes, les fumiers et les immondices. On entourera de haies vives l'espace qui leur sera consacré dans le jardin ou dans le parc, afin d'en interdire l'approche aux troupeaux ou aux enfants, pour lesquels elles sont à leur tour *sans pitié*. Quant à la préservation des vents, des neiges ou des coups de soleil trop brûlant, la toiture de paille dont nous avons parlé, y obviera ; le cultivateur n'aura qu'à la relever ou l'abaisser, avec soin et intelligence, selon l'aspect du ciel ou de la saison.

XVI.

Chaque année, au retour du printemps, dans une ruche florissante il se passe un curieux phénomène. La Providence, qui a mis au cœur de la reine l'instinct sacré de la reproduction, inspire encore aux ouvrières la construction d'alvéoles royaux. C'est autour d'avril et de mai, qu'elles se mettent à l'œuvre. Déjà la ponte a commencé; déjà les petites cellules renferment une multitude de larves qui se dépêchent de filer leur coque pour partir dans la vie. Voilà qu'au milieu d'elles et souvent à leur détriment, pendent les glands de cire où vont se préparer les jeunes reines de ces peuples à venir. La ruche entière attend et active sa postérité. C'est aux bords du gâteau, et comme dans une place à part, que se tient principalement l'intéressant couvain ; des milliers d'abeilles-nourrices l'entourent sans cesse, jour et nuit, pour veiller à sa conservation et à son développement. Leur orgueil et leurs espérances sont là. Une seule frémit, une seule regarde dans une inquiétude pleine de rage ces grands alvéoles, si bien gardés, c'est la reine-mère ! Pourquoi cette aversion ? Pourquoi cette haine des rivales ? c'est le secret du Créateur ; c'est le ressort qu'il a choisi et combiné avec l'amour pour la propagation lointaine de l'espèce.

Quelques jours avant la sortie redoutée des jeunes reines, la souveraine régnante parcourt ses états avec une agitation qui redouble à la vue

de chaque alvéole royal ; elle sonne
de son cri le plus éclatant ; elle va et
vient comme une folle en tout sens,
rebroussant brusquement en face de
ses terreurs , choquant partout les
tranquilles ouvrières, leur communi-
quant enfin son mouvement , son
effroi, son désordre. Bientôt l'agitation devient générale , tout est en
l'air ; et l'atmosphère lui-même, de
25 à 26 degré qu'il comporte habituellement sous le dôme, s'échauffe,
s'embrase de plus de 32 degrés. Cette
chaleur est intolérable ; alors un grand
nombre d'ouvrières se précipitent
hors de la ruche, et la vieille reine
avec elle. *Erumpunt portis !* elles
coulent littéralement comme le jet
des fontaines ou comme la poudre
d'or d'un sablier renversé. Au dehors
le soleil brille, le soleil des révolu-
tions, le soleil des têtes brûlantes.
Une grappe se forme et se suspend à

quelque distance. Le peuple est sur le mont Aventin; il attend, tout frémissant encore, le retour de ces éclaireurs; quelquefois, si un nuage venait à obscurcir le ciel et à calmer les esprits, il rentrerait avec sa vieille reine dans la ruche et la colonisation serait différée; le plus souvent il fuit au loin à moins qu'on ne parvienne à l'engager à s'abriter dans une nouvelle ruche et c'est ce qu'on appelle alors recueillir *un essaim naturel*.

L'essaimage est une nécessité. D'une part, la ponte énorme des reines, une fois éclose, ne tiendrait pas matériellement dans le corps ordinaire d'une ruche; d'une autre, il faut absolument de nouvelles reines pour diriger de nouveaux peuples. Aussi, lorsque par malheur le mauvais temps s'oppose au départ des essaims, n'est-il pas rare de les voir avorter complètement par la mort des futures reines, que poignarde, au fond même des berceaux, la jalousie cruelle de la vieille souveraine.

Mais après le départ de celle-ci, la première jeune reine qui sort de sa prison, devient le chef de l'ancienne habitation. Cette jeune reine qui succède à l'ancienne, a le même instinct et la même antipathie pour ces petites rivales contenues dans les alvéoles royaux. Comme sa mère, elle voudrait bien les détruire; mais, vierge encore, elle n'a sur les vierges aucune autorité; la foule fait rempart autour du précieux couvain: on se joue de la colère de l'infante, on la tiraille, on la mord, jusqu'à ce qu'elle s'éloigne, empêchée dans son criminel projet. Alors, fatiguée, maltraitée, impuissante, elle croise ses ailes sur son dos, s'appuie le ventre contre une cellule et se met à chanter, ou plutôt pousse une espèce de cri strident assez semblable à celui de la cigale. Ce cri étonne et surprend les abeilles ; elles inclinent la tête ; elles ont reconnu la voix d'une reine. La voix cesse, le tumulte recommence; mais la jeune reine, reprenant son empire avec sa voix, s'agite, communique à son tour la fièvre de l'émeute, et part bientôt, dans une nuée tourbillonnante, à la tête d'un deuxième essaim. Un troisième et un quatrième peuvent se former ainsi à quelques jours d'intervalle, jusqu'à l'éclosion entière du couvain et suivant le nombre des abeilles royales ; celle qui reste dans la ruche, la dernière éclose, peu entourée et presque maîtresse des lieux, parvient sans peine à détruire les grands alvéoles encore subsistants. Si deux jeunes reines naissent au même moment, un duel d'aiguillons décide à la fois du pouvoir et de la vie. Il peut encore arriver que la petite reine du

premier essaim, revenant le lendemain, déjà fécondée, dans la vieille
ruche pleine de nymphes, s'acharne
avec une nouvelle et plus libre fureur
sur les alvéoles royaux; toute puis-
sante alors en présence des gar-
diennes vierges et timides, nul ne
s'oppose à son carnage; il n'y a plus
dès lors d'autres essaims à espérer.

XV.

Ce n'est pas toujours chose facile
que de recueillir les essaims naturels;
ils s'échappent de la ruche mère au
moment où l'on s'y attend le moins.
Bien que cet événement s'annonce
par des bourdonnements et des bruis-
sements inaccoutumés, encore faut-il
avoir pendant plusieurs jours l'œil
fixé sur la sortie de la ruche; l'essaim

s'envole, mais comment l'atteindre s'il s'en va camper au loin, ou s'il se suspend aux cimes flexibles des grands arbres? Il est un moyen de l'abattre, c'est de lui jeter de l'eau à son passage; comme la foule dévouée des abeilles se resserre autour de sa reine, dans le seul but de la préserver, si celle-ci se laisse décourager et tombe, l'essaim entier descendra avec elle et on le recevra dans un dôme vide mais emmiellé; on recouvre ce dôme d'un linge et on le porte vers un étage également vide, installé sur son siége; enlevant alors le linge, on glisse doucement ce dôme sur cet étage de façon à ne point écraser les abeilles et voilà une nouvelle ruche que l'on complètera, quelque temps après, en ajoutant au centre son troisième étage vide. Mais une telle chasse aux essaims est des plus pénibles; elle occasionne des dégats considérables au milieu des récoltes, alors debout, et qu'il faut traverser et fouler aux pieds pour atteindre les essaims fuyards ; enfin elle reste très-souvent infructueuse. Le mieux est donc d'user de moyens plus adroits en tâchant de fixer d'avance les instincts de la colonie errante ; pour cet effet on suspend, dans le voisinage de la ruche où va éclore le jeune couvain, un dôme légèrement emmiellé chaque matin ou retenant par quelques bouts de bois, croisés à l'intérieur, un morceau de gâteau ; peu à peu les abeilles, alléchées par ce butin facile, prendront l'habitude de le visiter : elles connaîtront la commodité du lieu, et lorsque l'essaim sortira il viendra naturellement se fixer sur ce dôme voisin, et déjà accoutumé, pourvu, toutefois, qu'on ait eu soin de le préserver de l'envahissement des fourmis. Le soir, après la tombée du soleil, on détachera doucement et sans secousse ce dôme habité et on le placera avec un ou deux étages de supplément, suivant la force de l'essaim, sur un siége préparé. On enduira de terre pétrie les fentes de chaque étage et ce sera là une ruche nouvelle, parfaitement établie. Au bout d'un mois elle se trouvera remplie de constructions et en voie ordinaire de prospérité.

Mais, par un artifice plus habile encore, l'apiculteur sera libre de devancer l'échappement des essaims, en les opérant lui-même, selon sa convenance, un peu auparavant leur sortie naturelle : il fera ainsi des *essaims artificiels*. Ils sont quelquefois indispensables. « Si le temps est contraire à la sortie des essaims, dit M. Lacène dans son excellent Mémoire, c'est-à-dire, si le vent du nord et le froid se font sentir, ou s'il règne de longues pluies, la reine-mère, se livrant à la jalousie et à la haine que lui inspirent les jeunes reines encore dans leurs berceaux, se jette sur elles, les poignarde toutes ou presque toutes, et alors il n'y a point ou très-peu d'essaims. Pour prévenir cette destruction, il faut *enlever la reine* avant qu'elle ait eu le temps de l'opérer ; et, si, en enlevant la reine, on fait passer une partie des abeilles dans une ruche nouvelle, voilà un *essaim artificiel tout fait.* »

Ce moyen n'est pas le seul, son emploi présente des difficultés et exige des délicatesses d'exécution que l'on évite par d'autres combinaisons ; ainsi, sans parler de toutes les variétés de procédés en usage, selon la forme des ruches différentes de la nôtre, nous nous arrêterons à deux qui nous ont toujours réussi.

Le plus simple est l'essaimage par

contact. On rapproche de la ruche
mère une ruche vide et parfaitement
close, cela avant l'époque du couvain ; on établit par des ouvertures
latérales, préparées à cet effet dans le
siége (v. fig. III), une communication
entre les deux ruches ; elles ne sont
plus dès lors que les deux appar-
tements d'un même corps de logis,
dont l'unique entrée est celle de la
ruche mère ; les abeilles, allant indifféremment sous ces deux dômes,
y construisent également leurs alvéoles et la reine promène ensuite
partout sa ponte féconde ; c'est donc
deux ruches complètes et garnies
qu'il s'agit de séparer. Le couvain
étant distribué dans l'une et dans
l'autre, en éloignant les deux dômes,
à l'époque de l'éclosion , on reste
certain de voir naître , sans grand
délai, une jeune reine dans la ruche
que n'a pas conservée la vieille reine.

Ces deux ruches ont cet avantage notable de se prêter encore, si la saison est belle, à la multiplication de nouveaux essaims.

Voici alors le procédé qu'il faudrait employer; nous l'exposons avec toute la certitude que donne le succès d'une habituelle pratique; il est tout entier dans un arrangement d'étages pleins et d'étages vides.

Prenez deux ruches, l'une habitée et richement peuplée, l'autre nouvelle et parfaitement propre à l'intérieur. Nous sommes dans un beau jour de mai ou de juin, les mâles ont déjà fait leur apparition, l'étage intermédiaire de la ruche vivante est garni d'alvéoles de toutes sortes, où s'agitent des milliers de nymphes ouvrières et de dix à douze cellules royales prêtes à briser leurs portes de cire; c'est cet étage qui contient l'avenir des essaims ; c'est celui-là même qu'il faut enlever.

Revêtu de votre accoutrement protecteur, vous enfumez la ruche avec le petit appareil décrit plus haut, ou bien vous vous contentez de frapper deux ou trois coups avec le doigt sur les parois extérieurs du dôme ; vous avez frappé assez fort pour éveiller l'attention de la reine, pas assez toutefois pour l'effrayer et la faire fuir ; elle montera aussitôt. C'est son devoir d'accourir là où est le bruit d'un danger. Profitant de cette position de la reine que vous savez n'être point dans l'étage du couvain, vous enlevez cet étage central, après avoir déposé délicatement le dôme sur le sol, à côté de vous (1).

(1) Il est important, avant d'enlever l'étage central pour faire l'essaim artificiel, de s'assurer si le couvain est en effet déposé dans cet étage ; car il peut arriver que, par suite de très-abon-

Quant à cet étage chargé de couvain,
que n'ont point abandonné les abeilles
nourrices, vous le placez sous la base
découverte de la ruche vide et par
dessus le tout vous remettez seulement
le dôme vide de cette seconde ruche (1).

dantes récoltes, les abeilles remplissent de miel,
non seulement le dôme, mais encore l'étage
immédiatement au-dessous ; le couvain serait
alors relégué dans la base et c'est cette base que,
dans ce cas exceptionnel, il faudrait enlever
pour réussir à former un essaim artificiel. On
pourra vérifier cette position du couvain, soit
en retournant la ruche et en considérant son
aspect intérieur, soit en préjugeant par le poids
le contenu de l'étage central : celui qui est
rempli de miel au lieu de couvain sera bien
plus lourd. Si, enfin, on s'était trompé
une première fois, le malheur serait réparable :
quelques jours après, voyant l'inactivité des
abeilles dans la nouvelle ruche, il faudrait recons-
tituer les choses comme elles étaient auparavant
et recommencer l'essaim avec l'étage inférieur.

(1) Vous pouvez, par prudence, ne poser que

Reste donc un étage vide, dont vous faites l'étage central dans la ruche mère en la reconstituant ainsi avec sa vieille base et son dôme plein. Vous avez alors deux ruches de nouvelle composition, l'une qui contient la reine dans son dôme et que vous éloignez ; l'autre qui renferme le couvain dans sa base et que vous établissez sur le siége de la première ; les abeilles, en grand nombre, occupées aux champs lors de cette opération, rentreront, dans cette seconde ruche, par la porte accoutumée ; sans doute elles s'étonneront de ne plus retrouver les choses comme

le dôme seul sur l'étage garni de couvain, puis, quelques jours après, intercaler, entre le dôme et cet étage, la troisième partie de la ruche vide qui formera l'étage central ; ceci dans le but de ne point décourager les abeilles, d'abord occupées à l'éclosion du couvain, par l'aspect d'un ou deux étages vides à remplir sur leurs têtes.

elles les avaient laissées ; elles verront un premier étage et un dôme entièrement vides ; elles chercheront leur reine, mais ce sera en vain. Du reste apercevant le couvain elles ne désespèreront pas longtemps du salut de la patrie ; toute leur sollicitude s'attachera à la prompte sortie des nymphes, s'il n'y a point d'alvéoles royaux elles en créeront ; elles se feront une jeune reine, elles travailleront dans l'espérance d'en avoir, et une fois récompensées de leurs soins, ce ne sera que jeu pour elles de regarnir les deux parties supérieures de leur ruche.

De même, sous le dôme qui abritera la vieille reine, le travail des ouvrières garnira en peu de jours l'étage central ; sa ponte y continuera son cours et l'œuvre de l'homme et de l'abeille se verra confondue dans une même prospérité. (*Voir le memento, mois de mai*).

Chaque année, en vertu de cette

méthode, on comprend qu'il s'opère un renouvellement des deux étages inférieurs et comme un mouvement de haut en bas par lequel ils passent successivement du centre à la base; ce qui fait arriver ainsi la vieille cire dans l'étage inférieur et permet de l'enlever aisément aux époques favorables à la récolte.

Ainsi, à l'assurance de la réussite de l'essaim, se joint, dans cette manière de faire, l'avantage de prévenir, par la séparation prématurée de la reine d'avec son couvain, les désordres et les destructions de la jalousie d'une mère que la nature a rendue forcément barbare; celui de gagner, par la précocité de l'essaim, un temps précieux pour le travail des ouvrières durant les beaux et longs jours de l'été; celui du renouvellement annuel de la cire et de son enlèvement ou son épurement, puisqu'elle arrive à son tour à la base et comme à l'entrée de la ruche ; celui enfin d'une récolte de miel pur, fraîchement emmagasiné et toujours déposé dans des alvéoles qui n'ont pas servi de berceau au couvain.

XVI.

La récolte de la cire se fera au dernier étage, et aux derniers mois de l'été. Enfumer la ruche, la retourner, tailler avec le couteau, ou bien enlever complètement l'étage inférieur et en ajouter un autre entre le dôme et celui du centre qui va dès lors être celui de la base, voilà toute la recette de l'enlèvement et du renouvellement de la cire.

Le miel, au contraire, se recueillera uniquement dans ce dôme, et à toute époque, sauf l'hiver où on ne doit ni troubler l'engourdissement des ruches, ni enlever les provisions des abeilles par instant réveillées. On pourra substituer un dôme vide au dôme plein ou bien se contenter de prendre une part de gâteau aux heures des repas. On aura eu soin, dans tous les cas, de frapper légèrement dans le bas de la ruche pour y attirer la reine et par suite la foule des ouvrières. Si quelques unes étaient restées dans le dôme on devrait, pour les en chasser, le porter dans un lieu obscur, éclairé seulement d'une petite ouverture, par laquelle elles ne tarderaient pas à s'enfuir pour regagner la ruche commune. L'enfumoir serait encore ici d'un bon usage pour les faire déloger du dôme.

On remettra le même dôme en place s'il n'est pas plein et s'il est néanmoins garni de rayons de cire ne contenant pas encore de miel. Il faudra toujours éviter de le racler trop fortement, de crainte d'enlever la propolis.

Nous avons dit que la récolte partielle pouvait se faire à toute époque, sauf à l'entrée de l'hiver. Qu'on prenne garde toutefois de trop dépouiller les ruches lorsque le temps semble ouvrir une série de mauvais jours ou bien lorsque les essaims vont commencer ; la grande ponte a pu se répandre jusque dans le dôme, et le dégarnir serait perdre du couvain et distraire les abeilles nourrices dans un dôme vide qu'il faudrait de nouveau remplir.

Comme règle générale, il convient de faire la grande récolte après l'essaimage. Elle continuera jusqu'au milieu de septembre dans les pays productifs comme ceux où l'on sème tardivement le blé noir, la plus féconde des plantes quoique la moins exquise pour la production du miel.

Ainsi donc la prise des gâteaux de miel en temps ordinaire ne troublera en rien le travail et l'économie de la ruche à dôme. Ce dôme est un grenier, il n'est que cela pour la population, y toucher c'est donc bien plutôt activer le zèle des ouvrières qui recommencent en hâte à le regarnir.

Ah! combien nous voilà loin de ces procédés impitoyables par lesquels on ne se contente pas d'arracher toute la substance des abeilles, mais encore leur vie avec leurs biens! Dans la ruche d'une seule pièce, par exemple, où l'on ne peut faire qu'une seule récolte au printemps, il faut plonger à travers le couvain bouleversé et *tailler à merci* ces intelligentes vassales, repoussées par une épaisse fumée dans le fond de la ruche, où précisément on n'atteint pas le plus beau miel; bien heureuses lorsque, pour s'emparer encore de

cette meilleure part, on ne les as-
phyxie point de vapeurs souffrées
dans l'enceinte même de leurs méri-
toires travaux!

XVII.

Loin de songer à l'essaimage ou
aux récoltes, dans certains cas et
pour certaines causes plus ou moins
connues, telle ruche dépérissant,
exige le secours de l'apiculteur; le
grand remède consiste à la réunir à
une ruche plus active. Cette addition
de deux colonies est toujours favorable et elle s'opère sans difficulté.
On enlève pour cela le dôme d'une
ruche en bon état, alors qu'elle ne
contient pas encore de couvain. Sur
l'étage découronné on place aussitôt
la ruche faible et par l'ouverture in-

térieure de la tour, formée par les cinq étages superposés, on enfume les abeilles qui montent et se resserrent avec leurs deux reines dans la ruche supérieure ; on enlève alors cette dernière et on la replace sur son siége. On reste ainsi maître d'une ruche dépeuplée, mais bien garnie de miel et de cire et l'on en possède une nouvelle qui va doublement prospérer (1). Cependant ce ne sera pas sans un

(1) Nous supposons ici que la réunion de deux ruches se fait à l'entrée du printemps, alors que la grande ponte n'a point commencé. Si cette même réunion devait se faire au contraire après l'éclosion du couvain, c'est-à-dire vers l'automne, ce serait la ruche forte qu'il faudrait placer sur la ruche faible. Les abeilles devant passer l'hiver sans sortir seront ainsi toutes réunies dans une ruche bien approvisionnée ; elles seraient sans ressources et prises au dépourvu si on les assemblait dans la ruche faible.

combat préalable entre les deux reines rivales sous un même toit ; l'opération s'étant faite le soir, la fumée et la nuit ayant successivement engourdi les abeilles confondues, elles se seront endormies sans savoir où donner de la tête ni de l'aiguillon. La lutte aura été ajournée au lever du jour, elle n'en sera que plus acharnée ; les deux reines entourées des deux peuples qui se presseront.et se dresseront autour d'elles, combattront dans un véritable champ clos, elles seules remuantes et bruyantes dans l'espace laissé par la foule immobile et attentive. Bientôt les bourdonnements de la gloire célèbreront la victorieuse et, sous sa loi, les travaux et les expéditions reprendront leur cours, activé de nouvelles ardeurs.

Cette réunion de deux ruches en une seule est,comme on le voit, un transvasement réel, en sorte que l'opération

que nous venons de décrire sera celle-
là qu'il faudra faire toutes les fois
qu'il s'agira de changer de ruche, ou
d'en détruire une, sans laisser perdre
sa précieuse colonie.

XVIII.

En d'autres circonstances, lorsqu'une ruche paraîtra s'affaiblir à
l'approche de l'hiver ou à l'époque de
l'éclosion du couvain, il deviendra
urgent de constater si les provisions
ne manquent point à la troupe excédée
ou forcément renfermée par des jours
rigoureux. Pour y subvenir, il sera
bon d'introduire dans la ruche quelques vivres à la convenance des
abeilles ; leur rendre un peu du miel
qu'on leur a enlevé, quoique dans sa
qualité inférieure, serait le plus na-

turel et le plus sûr; mieux encore
vaudrait-il changer les dômes entre
les ruches inégalement garnies, ce
serait l'affaire d'une économie poli-
tique bien entendue; mais on peut,
au besoin, fournir aux malheureuses
des substances sucrées, des fruits
cuits, tels que pommes et pruneaux,
que l'on fera bien d'assaisonner d'un
peu de sel. On leur servira ces vivres
dans un des étages supérieurs pour
éviter d'attirer par le bas les insectes
étrangers que ces nouvelles odeurs
ne tarderaient pas d'allécher. Un
linge replié en guise de sac, ou un
bocal, recouvert d'une couche épaisse
de paille brisée, seront également
commodes pour contenir cette nourriture. Si la ruche qu'on voulait ainsi
sustenter était pleine de constructions
gênantes, à l'introduction du linge
ou du vase, on intercalerait momen-
tanément un étage vide qui serait

alors une sorte de petit réfectoire, promptement occupé et dégarni par les ouvrières affamées.

XIX.

La question de vivres se représente plus générale à l'entrée de l'hiver, époque stérile où cependant la chaleur doucereuse de quelques beaux jours pourrait réveiller les abeilles, incapables alors de rien recueillir ; si elles sont prises au dépourvu, elles périront inévitablement; aussi faut-il, dès que la campagne est dépouillée de ses fleurs, peser les ruches(1)ou visiter leur

(1) Pour peser une ruche il n'y a qu'à soulever le siége délicatement et en prenant bien garde de l'en détacher en brisant l'enduit extérieur. On présumera ainsi facilement de son contenu.

intérieur en les retournant et venir en aide aux pauvres avec le superflu des riches. Les pauvres ce seront celles qui auront fourni le plus d'essaims et y auront épuisé leur peuple alors en nombre insuffisant pour suffire à tout ; celles qui se trouveront frileuses, dans une trop vaste demeure, où elles auront passé la belle saison entièrement occupées à la meubler de gâteaux ; celles qui, exposées aux rayons ardents du midi, n'ont pu travailler durant l'été et sont restées assises et comme anéanties sur le tablier de leur ruche ; celles enfin qui auront été décimées par les maladies, ravagées par les ennemis et dépouillées, sans mesure, par l'homme, le pire de tous, *homo edacior*.

Mais, quelles que soient ces misères, l'hiver survenant, les soins doivent avoir pour but principal, tout en

BIBLIOTHÈQUE IMPÉRIALE

7

munissant, au hasard des événements, de provisions banales l'intérieur des ruches nécessiteuses, de disposer la toiture en fermant les cités de nattes en paille, de telle sorte que ni le soleil, ni le vent ne vienne rien réveiller chez les peuples endormis. Dès l'automne on l'inclinera sur les dômes; les premières bises aigues, les gelées avant-coureuses, les pluies froides des cieux grisâtres doivent être épargnées aux abeilles, filles de l'air bleu et de la nue dorée; elles y échapperont par le sommeil et ce sommeil, protégé par l'obscurité de la toiture abaissée, sera en même temps un repos utile et une économie profitable. Que ne pouvons-nous, nous autres grands insectes, travailleurs d'un miel invisible, nous endormir ainsi pendant les longues froidures de la vie! Tout au contraire, c'est lorsque le temps est lourd et mauvais que la douleur nous

tient éveillés dans la triste réalité;
c'est lorsqu'il fait beau, lorsque le ciel
et l'horizon sont limpides, que les
ailes viennent à manquer soudain aux
vaines palpitations de nos désirs!

LES PARASITES.

XX.

Sous le nom de parasites nous désignons non seulement la race entière des faux-bourdons, mais encore tous les ennemis intérieurs ou extérieurs des abeilles; on sait qu'ils marchent par milliers à l'assaut de la ruche, objet de toutes les convoitises. Le miel est, pour nombre d'animaux, comme pour nous, une image de volupté ; depuis la fourmi jusqu'à l'ours, la gourmandise conspire contre l'œuvre de l'abeille. Elle-même, malgré son aiguillon, offre une proie attrayante à certains oiseaux : le moineau, l'hirondelle, le gobe-mouche, le pivert, la mésange, la prennent par la taille avec leurs becs pointus et l'emportent, toute vivante, en pâture à leurs petits, qui, de loin, des bords du nid, voyant revenir la mère, poussent des cris aigus d'une cruelle réjouissance. L'araignée impure tend ses filets dans le voisinage des ruches; la souris rode sans bruit autour du siége et croque les sentinelles de l'entrée avant qu'elles aient eu le temps de jeter le cri d'alarme; le lézard insinuant parvient même quelquefois à se glisser à l'intérieur, où il profite, pour ravager, des engourdissements de la nuit; le frelon et la guêpe disputent audacieusement les

trésors qu'ils envient, et tentent, avec
une force égale, des vols à queue
armée; il n'est pas jusqu'à l'ignoble
crapaud qui ne cherche à élever son
élan flasque et son hideux bâillement
vers la vieille abeille mourante qui
se débat près de terre au dessus de
lui!

Quelquefois tous ces agresseurs
fondent en même temps sur la ruche;
une telle attaque suppose le désordre
et l'anarchie au sein même de la
peuplade. Dans les derniers jours
d'une reine malade, lorsque les
abeilles troublées et n'ayant plus de
couvain et partant plus d'espoir à
nourrir, laissent, pour ainsi dire,
tomber leurs pattes découragées, les
ennemis, toujours veillant, ne tardent
pas à s'apercevoir de l'épuisement
des cœurs. Bientôt la lâche et immonde armée des assaillants grimpe
ou vole vers la porte que les sen-

tinelles ont désertée; des abeilles étrangères ne rougissent pas de se mêler à une telle multitude; la place est prise, elle est livrée au pillage au milieu des plus confuses rumeurs. C'est un horrible spectacle: abeilles, guêpes, lézards, frelons, fourmis, cloportes, libellules, reptiles et insectes de toutes sortes et de toutes formes se précipitent pêle-mêle par l'issue étroite, et en quelques heures la ruche entière est entièrement dévalisée.

L'unique remède est d'enlever et d'enfumer promptement l'édifice pour profiter de ce qui peut s'y trouver intact; après tout, l'homme est le plus fort des pillards et il doit rester maître. Il serait encore possible de prévenir ce dernier événement, toujours annoncé par le ralentissement des travaux, en transvasant les abeilles, selon le moyen indiqué, ou en leur procurant une nouvelle reine.

Les différentes colonies d'abeilles se livrent encore entre elles des combats acharnés et auxquels il ne manque que des historiens pour être à jamais mémorables. Lorsqu'un essaim nouveau s'en va maladroitement troubler l'intérieur et les habitudes d'une vieille ruche étrangère à laquelle il n'apporte que son désordre et sa vaine pétulance, la guerre est presque inévitable ; elle est plus fréquente et peut-être plus terrible quand ce sont des mouches de ruches désorganisées et affamées, qui tentent, par un coupable brigandage de piller une ruche opulente et bien établie. Il se passe alors sous le dôme quelque chose d'effrayant ; c'est une rumeur de rage, un cliquetis d'aiguillons, une fièvre de bruit, dont l'homme lui-même ne peut s'empêcher de frissonner. De temps à autre sortent des mouches victorieuses en emportant sous elles des prisonnières tremblantes qu'elles vont étrangler de leurs dents dans quelque coin retiré; celles-là savourent en tête à tête le plaisir de la vengeance et se font une volupté de la mort de leur ennemie. A l'intérieur, l'action se concentre de plus en plus autour des deux reines dont la destinée sera celle du combat. Les aîles stridentes se déchirent les unes les autres; les antennes se nouent sur les fronts acharnés ; on voit les mourantes rouler dans le tourbillon , où elles se débattent, montent et descendent sans pouvoir quitter la scène entraînante ; leur corps se meut alors même que leur esprit les a abandonnées. Mille dards sont lancés à la fois et tâtonnent dans les jointures pour trouver l'endroit vulnérable ; ils s'enfoncent, et de tous côtés ce n'est que pirouettes d'abeilles tournant sur leur victime pour retirer leur aiguillon dans la hâte d'une nouvelle agression.

Mais enfin après une mêlée furieuse où se sont épuisés tous les poisons et toutes les forces, une des reines tombe, elle expire : la paix se signe sur des monceaux de cadavres. Les deux peuples se confondent, nettoient et balayent leurs planchers ébranlés ; ils se brossent et s'étirent mutuellement ; ils rétablissent l'ordre et reprennent alors, comme de dignes gardes nationales, après la fatigue et les dangers de la guerre, les peines et les soucis de la vie de chaque jour.

Mais la pire des attaques est celle qui est organisée tranquillement à l'intérieur par une espèce de chenille établie au cœur des rayons. On la nomme *fausse Teigne* ; les papillons de cette chenille paraissent pendant toute la bonne saison. Ils ne volent que dans la lumière douce du crépuscule,

et pendant les nuits vaguement éclai-
rées de la lune ; ils ont comme
toutes les phalènes de grandes aîles
couchées horizontalement, d'un gris
obscur avec de petites taches noirâtres,
qui leur donnent une apparence fan-
tastique. Leurs yeux sont d'une sen-
sibilité telle qu'éblouis par la clarté
du jour ils restent immobiles là où le
rayon de lumière les surprend et les
fixe. A la faveur des ténèbres à demi
éclaircis par les ciels d'été, ils trompent
la garde, entrent et déposent en hâte
dans les alvéoles des gâteaux, leurs
œufs funestes. De chaque œuf éclot, à
la chaleur même de la ruche, une
chenille à tête écailleuse qui s'enferme
aussitôt dans un tuyau de soie blanche
qu'elle durcit au point de le rendre
impénétrable. Puis elle avance alors
sa tête hors de sa galerie, sans redouter aucune piqure, mange tout ce qui
se trouve à sa portée et recommence

d'allonger son tunel au fur et à mesure de ses besoins. Elle perce ainsi dans tous les sens le gâteau, et si les abeilles se trouvent trop peu nombreuses pour s'opposer à de tels ravages en emportant au loin, entre leur dents, chacune de ces pernicieuses chenilles, tout est perdu, et il n'y a pas d'autre parti à prendre que de faire passer la colonie sous un dôme étranger.

Cependant comme la fausse-teigne commence toujours par éclore et par se montrer à l'étage inférieur, il sera commode, suivant notre système, de remplacer cette troisième partie en en plaçant une autre immédiatement sous le dôme. On reconnaîtra la présence des fausses-teignes à la malpropreté du siége, couvert incessamment de miel écoulé, de débris de cire hachée, et d'une poudre noire qui est l'excrément de ces dévorantes chenilles.

On ne peut ainsi venir que trop tard

au secours des ruches pour les défendre des papillons, des phalènes et des
lépidoptères nocturnes, tels que le
sphinx à tête de mort et autres in-
connus, mais avec quelques précautions on réussira à la préserver des
ennemis vulgaires. L'eau bouillante
étouffera les fourmis et les guêpes
dans leurs galeries souterraines ; la
propreté d'alentour écartera les lima-
çons et les crapauds ; le jeu de la
toiture déchirera les toiles suspendues
de l'araignée; des piéges saisiront en
flagrant délit les souris et les musaraignes, et en dernière ressource, des
fantômes comme ceux que le cultivateur dresse au milieu de ses champs
et qui n'ont de réels que le chiffon et
la paille, seront avec succès installés
sur les haies environnantes; ils en
imposeront aux bandes de moineaux,
ces polissons de la grande place
céleste.

XXI.

Tournons à présent toute notre attention et toutes nos forces contre les faux-bourdons. Jusqu'ici nous avons paru les négliger; en quoi pouvaient nous distraire ces misérables consommateurs, lorsque nous suivions dans les airs le vol intelligent des essaims, lorsque nous prenions part aux augustes rivalités des reines ou qu'il s'agissait pour nous de recueillir le miel et d'arracher la cire? Encore sommes-nous bien obligé de nous occuper d'eux, dans l'intérêt de ce dernier rapport, puisque ce sont eux, parasites inutiles, qui dévorent durant deux mois de l'année, une notable quantité du butin qui nous est destiné.

Dès leur naissance ils sont un fléau

pour la colonie laborieuse. Accueillis par les ouvrières avec une tendresse et une sollicitude qui ne se distinguent en rien de celles qu'elles prodiguent aux couvains de leurs jeunes sœurs, ils leur font perdre un temps précieux. La toilette du nouveau venu est tout un travail, et à quoi bon ? Mille à deux mille mâles, vigoureux et fainéants, s'envolent ensuite repus et gorgés du meilleur miel, pour gambader follement dans l'espace à la recherche d'une reine.

Oh ! combien peu réalisent le rêve de leur instinct ! cinq ou six tout au plus, ceux là meurent ; le reste rit, mange et n'est bon à rien. Sans doute, après deux mois de cette existence bestiale, c'est le cas de le dire, devenus trop à charge à la société, ils sont expulsés de la ruche et massacrés s'ils essayent d'y rentrer. Mais ils tentent toujours de revenir, fatiguant alors d'une nouvelle manière les abeilles irritées; toutes les forces se dirigent contre eux; ils absorbent toutes les colères et ne sont enfin anéantis qu'après un combat qui dure quelquefois plus de vingt jours, temps malheureusement dépensé à la lutte au lieu de l'être au butin.

Ces considérations ont frappé les apiculteurs. On a cherché les moyens d'éviter aux abeilles le massacre annuel des faux-bourdons, et divers tentatives ont été faites pour la destruction de ces méprisables et insatiables insectes. La plus heureuse est celle qui se pratique en profitant de l'absence des faux-bourdons pour leur fermer la porte de la ruche. Comme ils sortent tous les jours de soleil, entre midi et trois heures, dans cet intervalle on recule assez le corps de la ruche à dôme sur la rainure du siége, pour ne laisser que le juste espace au passage des ouvrières qui reviendront aussi des champs, vers le soir. Comme le mâle est deux fois plus gros, il fera de vains efforts pour passer par cette porte diminuée et n'échappera point aux fraîcheurs mortelles de la nuit (1).

Il est un autre moyen d'arriver à la destruction des faux-bourdons. C'est en y excitant les ouvrières elles-mêmes et en mettant pour ainsi dire en jeu leur colère. Au lieu de fermer l'entrée de la ruche aux mâles flâneurs, on leur en interdit la sortie, et on les y emprisonne dès le matin d'un jour de beau temps : se sentant appelés au dehors par le soleil des plaisirs, mais rete-

____

(1) Si l'on ne voulait pas déranger la ruche et briser, en la reculant sur le siége, la garniture de terre ou de propolis, on pourrait également diminuer l'entrée en glissant dans la rainure un petit coin de bois taillé à cet effet.

n.s par la grosseur de leur ventre, ces misérables faux-bourdons ne tardent pas à entrer dans un état d'exaspération impossible à décrire ; ils se démènent, ils se tourmentent, i's jettent par toute la ruche leur rumeur et leur désordre ; ils encombrent surtout la porte par où vont et viennent les ouvrières pour leurs travaux accoutumés. Celles-ci, dérangées dans leurs habitudes tranquilles, gênées dans leurs mouvements, choquées à chaque coup d'aile par les folles agitations des mâles, perdent bientôt patience et, tirant leurs aiguillons, elles commencent, dans l'intérieur de la ruche, un massacre où nul ne peut fuir et qui ne laisse, après un ou deux jours d'exécution, que les cadavres des faux-bourdons enfin anéantis. Alors, vous rouvrez la ruche et à l'instant même vous voyez les ouvrières s'empresser, avec leur zèle habituel, de traîner au dehors les morts qui les encombrent.

Cela est bien ; mais on obtiendrait encore un plus complet résultat si l'on empêchait, dès l'origine ; la naissance des faux-bourdons en détruisant leur race, ou en la réduisant à l'exception suffisante pour la fécondation des reines. C'est là ce que nous proposons, et ce que nous assurons avoir réalisé.

Nous nous sommes fondé sur ce principe, que la forme de l'alvéole déterminait seule la nature du couvain. Si donc nous parvenons à n'avoir dans une ruche que des alvéoles d'ouvrières et des cellules royales, il est certain que nous en aurons à tout jamais exclu les faux-bourdons. Or il est avéré qu'à une certaine époque, après la formation des essaims, les abeilles, chez lesquelles on détruirait les alvéoles mâles, n'en recommenceraient point d'autres et tout au contraire, bâtiraient, dans la place vide, des cellules d'ouvrières (1). L'année suivante, ou même dès les derniers mois de l'été, si la ponte se continuait encore, ces nouvelles cellules serviraient donc à multiplier le nombre des abeilles communes et il ne serait dans la suite plus question des mâles, puisque, toute la ruche étant garnie, la colonie oublieuse n'élargirait point pour eux, comme pour les

(1) Les abeilles sont si éloignées de leur première sollicitude pour les mâles, après qu'elles en ont fait le massacre, que lors même qu'on laisserait subsister leurs larges berceaux, si, dans la suite de l'année, la reine allait y pondre encore, les ouvrières attendant la transformation des larves en nymphes de faux-bourdons, extrairaient ces nymphes de leurs alvéoles et les jetteraient au dehors avec indignation. Il n'est donc plus à craindre, qu'une fois les alvéoles mâles enlevés par l'apiculteur, elles travaillent à les reconstruire.

reines, les berceaux existants. Les ouvrières ne construisent des cellules de faux-bourdons que dans la prévoyance des essaims et des fécondations des jeunes reines ; elles les recommenceraient certainement si on les enlevait avant ces régulières émigrations ; mais vers le milieu de juillet ce ressouvenir des mâles n'est plus à craindre. Une première fois ils sont sortis de leurs berceaux ; passe pour l'année présente ; la suivante n'en reverra plus éclore la troupe gloutonne. La partie du gâteau, où se tient d'ordinaire leur couvain, est refaite, sans prévoyance de leur destinée ; il n'y a plus d'alvéole qui leur soit affecté ; il n'y a plus place pour eux, ils sont rayés de l'avenir.

On nous objectera peut être que, par la suite, cet enlèvement des cellules de mâles et cet obstacle matériel à leur retour, pourrait être fatal

à l'ensemble des ruches entièrement
dépourvues de faux-bourdons. Que
deviendront les jeunes reines? Nous
répondrons que, sur ce point, on ne
doit pas se tenir en souci. Les reines
naissantes trouverons toujours, par
le royaume des airs, des amants
chercheurs et empressés. Qui empêche
d'ailleurs de ménager de temps à
autre quelques alvéoles de mâle? Mais
il n'en n'est nul besoin, car il est bien
évident que si vous, ou votre voisin,
multipliez chaque année le nombre
de vos ruches par la formation des
essaims, *chaque année* les nouveaux
essaims recommenceront, sans que
vous puissiez une première fois l'empêcher, la construction d'alvéoles
mâles que vous n'enlèverez ensuite,
pour tout l'avenir, qu'après une éclosion et un départ de faux-bourdons.
Vous aurez donc toujours, par chaque
ruche nouvelle, une génération en-

tière de faux-bourdons, plus que suffisante pour la fécondation de toutes
les reines d'alentour (1).

(1) A l'appui de ce que nous venons d'exposer
nous rappelons que certains essaims nombreux
et de bonne heure éclos, font toutes leurs constructions et ont le temps de garnir leurs ruches
entièrement pendant le cours de l'été ; ils ne
construisent donc plus des alvéoles de mâles,
auxquels les abeilles ne pensent que dans le
printemps ; voilà donc des essaims qui jamais
n'auront de mâles ; ce sont précisément les
meilleurs, ce sont ceux dont le miel est des
plus abondants, ce sont ceux dont les cam-
pagnards disent : *un essaim de mai vaut une
bonne vache à lait ;* ne pourrait-on pas objecter
que ce sont là aussi des essaims qui ne donnent
point de faux-bourdons pour la fécondation des
reines ? Cette objection tombe d'elle-même
devant les faits, puisque ces essaims sont les plus
précieux et les plus prospères ; mais comme la
majorité des ruches ne peut finir ses constructions avant l'hiver, et les achève seulement au
printemps suivant, en n'oubliant point alors les

L'opération est des plus simples : revêtu de votre accoutrement, vous retournez la ruche délicatement après l'avoir enfumée et avoir décollé sans secousse l'enduit qui garnit la fente circulaire entre le dernier étage et le siége ; vous examinez le gâteau à cet étage, vous reconnaissez sans peine le quartier des alvéoles qui ont contenu et sont destinés à contenir plus tard de nouveaux mâles (1) ; alors, avec

cellules de mâles, une seule troupe pourvoira aux fécondités de toutes les reines d'un pays.

Ajoutons ici que c'est précisément cette riche mais trop rare exception des essaims précoces et demeurant sans mâles, qui nous a inspiré notre idée et fait chercher le moyen de donner artificiellement à tous les essaims possibles et par conséquent à toutes les ruches les mêmes avantages et la même prospérité, par la préservation entière des faux-bourdons.

(1) Ces alvéoles, nous l'avons dit, sont plus larges, au moins d'un tiers, que ceux des ou-

l'extrémité recourbée du couteau, que vous faites pénétrer adroitement jusque là, vous taillez ce quartier sans détruire aucun des alvéoles voisins et le retirez en laissant ainsi un emplacement vide que peu de jours verront combler de berceaux uniformes. Libre à vous, si vous l'aimez mieux, de ne point enlever complètement les cellules de mâles; mais, nous le répétons, on ne saurait trop s'acharner sur ces parasites, que l'on peut dire ruineux, puisqu'un millier mange, sans rien produire, au moins une livre de miel par jour; leur destruction est un immense bénéfice; leur proscription absolue sera une révolution accomplie dans le monde des abeilles; elle leur évitera les horreurs du massacre; elle sera l'ère d'une pacification et d'une

vrières, impossible de s'y tromper avec un peu d'habitude et d'attention. Voir fig. X.

prospérité universelle. Aussi croyons-
nous avoir ouvert pour l'apiculture
un véritable âge d'or, parcequ'il sera
d'abord un âge de miel. En calculant
les profits multipliés de nos opérations, on comprendra bientôt le motif
de notre élan, et notre cri de : *fortune
des campagnes* sera mille fois jus-
tifié (1).

(1) La méthode que nous venons de décrire
pour l'enlèvement des alvéoles de mâles, ne
sera que rarement mise en usage dans la ruche
à dôme. En enlevant l'étage inférieur, où se
trouvent les cellules de faux-bourdons et en
en replaçant un autre vide entre le dôme et le
centre, on aura, par là même, enlevé les
cellules de mâles. Or, remarquons cet immense
avantage particulier à la ruche à dôme ; cette
seule opération remplit à la fois quatre buts
différents : enlever le dernier étage, c'est en
même temps *détruire la fausse teigne* qui s'y
loge d'habitude, *renouveler la vieille cire, faire
une récolte abondante de cire nouvelle,* enfin

XXII.

Quelques renseignements nous restent à donner à propos des parasites et des incommodités qui surviennent aux abeilles. Ainsi, bien qu'il soit triste de l'avouer, la reine vieillissant, c'est-à-dire atteignant sa septième année, n'est plus qu'un obstacle au bonheur du peuple dont elle a si longtemps animé l'esprit. Si elle

débarrasser la ruche des alvéoles de mâles et ensuite des mâles eux-mêmes. Cet enlèvement doit se faire du 15 juillet au 15 septembre pour laisser aux abeilles le temps de remplir, avant l'hiver, l'étage ajouté au centre, de cellules d'ouvrières ; l'étage qui était central avant l'enlèvement sera ainsi la base de la ruche ; il y aura, on le voit, mouvement et renouvellement annuel de l'étage central à l'étage inférieur.

languit avant de mourir elle est une cause de dépérissement général ; sa caducité fait celle de la nation. Un courtisan disait un jour à Louis XIV, se plaignant du dénuement de ses gencives : « Ah ! sire, qui est-ce qui a des dents aujourd'hui ! » L'abeille qui dirait à la vieille reine mourante : « Eh ! qui donc n'expire aujourd'hui avec vous ? » serait loin de faire une impudente flatterie. Si l'on n'accourt en hâte pour enlever cette royauté infirme la ruche sera incontestablement perdue, désertée ou pillée. Si l'on est au moment des essaims il ne faut pas craindre de prendre et de tuer cette reine caduque, parce qu'alors il y a toujours de nouvelles reines dans leurs berceaux et s'il n'y en avait pas les ouvrières s'empresseraient de profiter d'un couvain de moins de trois jours, pour en faire surgir une reine nouvelle.

Quelques auteurs ont attribué à une maladie de la reine encore jeune une sorte de ponte d'où éclot ce que nous appellerons des *demi-reines*, reines incomplètes et non reconnues par la foule des ouvrières, il n'en est rien. Ces demi-reines, comme les reines, comme les mâles, comme les ouvrières enfin ne doivent leur nature qu'à la forme de l'alvéole où l'œuf, toujours le même, a été déposé ; or ces demi-reines sont des accidents, leurs alvéoles ne leur étaient pas destinés. Uniquement construits pour recevoir les provisions et placés dans le haut de la ruche, qui est le grenier des abeilles, il arrive quelquefois que ces alvéoles, allongés pour l'entassement des provisions, sont épuisés avant la ponte de la reine. Celle-ci, que presse son prodigieux enfantement, jette alors ses œufs jusque dans ces cellules impropres, déformées, mais vides ; il en sort une progéniture singulière ; ce sont les demi-reines ; leur mère est obligée quelquefois de les tuer une à une au milieu de l'indifférence du peuple qui n'a pas salué leur naissance imprévue.

Quant aux maladies des abeilles communes il n'en est qu'une seule de grave, c'est celle qu'on nomme *dyssen-terie*. Elle se manifeste par une déjection liquide et jaunâtre que les abeilles laissent tomber partout, à tout moment, les unes sur les autres ; elles s'obstruent mutuellement ainsi les organes de la respiration et meurent suffoquées par milliers à la fois. Cette maladie, provenant également de l'humidité du pollen, ce pain quotidien du couvain, toujours en réserve dans leur grenier, et de la vieille moi-sissure de la cire dans laquelle se trouve un miel nécessairement altéré, cette maladie, disons-nous, ne se ma-nifestera pas dans la ruche à dôme

soigneusement entretenue. La voûte
du dôme ne permettra pas aux gout-
telettes des vapeurs condensées de
tomber sur les provisions ; l'écoulement se fera par les parois, voilà pour
le pollen. Pour la cire nous savons
comment elle se renouvelle chaque
année ; ainsi nulle crainte et nulle
cause de dépérissement morbide dans
nos ruches assainies. En tous cas il
ne peut qu'être bon de soutenir les
colonies fatiguées ou languissantes
par un mélange de sucre, de miel et
d'une certaine quantité de bonne eau-
de-vie, le tout cuit ensemble et offert
comme un sirop vivifiant

Ce serait ici l'occasion d'admirer
encore la piété de nos insectes modèles.
Croirait-on qu'ils ont le culte de leurs
morts ? Oui, ils embaument les reines
et les transportent solennellement au
pied des arbres, à quelque distance
des ruches. Ils les enveloppent reli-

gieusement dans un linceul de propolis
et cette substance, trop peu appréciée
par nos industries, remplit merveilleusement le but qu'ils se sont proposé :
la conservation des corps. Que signifie
cet instinct? Est-ce donc que les
abeilles ont aussi comme une révéla-
tion de la résurrection future ? et
quelqu'un leur a-t-il dit tout bas, en
leur montrant l'homme : « Créées pour
lui, vous renaîtrez avec lui quand se
lèvera le jour éternel. » Il n'est pas un
moucheron, bourdonnant dans le
temps, pas un brin d'herbe tremblant
dans l'espace qui ne doive se réjouir de
la nouvelle aurore dans le sentiment
d'une vie que la mort n'atteindra plus !

XXIII.

En dernier lieu, comme parasite et

ennemi tout ensemble des abeilles que nous prenons à tâche de défendre et de réhabiliter sur la terre, nous ne craignons pas de nommer *l'homme*. Comment se souvenir, sans indignation, des procédés barbares dont ces admirables petites mouches ont été jusqu'ici les victimes ! que de carnages pour de misérables résultats ! que de meurtres pour des vols mal faits ! N'ont-elles pas raison, les abeilles, de faire jouer leur dard contre la main cruelle qui les malmène et sur la face impassible qui ordonne leur destruction ?

Pour nous, qui avons toujours en égale préoccupation le profit de nos peines et le soin des travailleuses, jamais nous n'avons fait usage des moyens sanglants et pourtant ne sommes-nous pas arrivé à des résultats bien plus avantageux ? L'abeille est comme la poule de la fable ; elle trompe l'avidité qui la tue, mais elle enrichit la patience qui attend d'elle le produit régulier de chaque jour.

Habituellement et doucement fréquentée elle s'apprivoise et on peut manipuler la ruche en toute sécurité. Mais dans le commencement d'une culture il sera sage de se revêtir de l'accoutrement, ou d'employer la fumée, ou bien encore d'étourdir la masse confuse par la sonorité d'un retentissement quelconque. L'imprudent qui serait néanmoins blessé pressera la plaie, en fera sortir la poussière ou la goutte vénéneuse, lancée par les barbes retournées et douloureuses de l'aiguillon, et, s'humectant d'alcali volatil ou simplement d'eau fraîche, il échappera à la vengeance ou à la colère de l'insecte. Plût à Dieu que toutes les plaies du cœur se guérissent ainsi ! Mais on n'arrache point aisément l'aiguillon d'un âpre souvenir ;

on ne verse point en un jour sur sa
blessure la goutte céleste de cet alcali
volatil qu'on appelle l'oubli !

LES PRODUITS.

XXIV.

C'est ici que l'expérimentateur re-connaîtra l'immense supériorité de notre méthode ; ses avances auront été modiques, ses soins un amusement, ses bénéfices seront de solides réalités. Quelle entreprise exige moins de frais ? Quelle industrie est d'un plus simple établissement et rend, avec tant d'u-sure, l'argent placé sur la tête des abeilles et à fonds perdus dans le calice des fleurs! Le calcul du profit augmente en effet chaque année dans une proportion qui est une véritable multiplication : dès la seconde année la dépense première, quelle qu'elle soit, se trouve couverte ; à la troisième année le bénéfice est quatruplé ; à la quatrième il est plus de six fois reproduit! Encore, cette évaluation n'est-elle qu'une moyenne presque toujours dépassée suivant le pays et l'adresse de l'apiculteur. Ainsi donc facilité dans l'exploitation, commodité de l'associer avec toute autre dans les fermes ou les villages, modicité des avances et des ressources qu'elle exige de la part de ceux qui s'y livrent, plaisirs dont elle compense les soins, importance progressive des produits, voilà le prospectus d'une culture dont la mauvaise chance, toujours réparable avec le temps, serait plutôt un mécompte qu'une ruine.

Nous appelons à notre œuvre le pauvre berger de la montagne, que suivent, par les marges du sentier, quelques brebis revêches ; n'a-t-il pas sur son chaume une place pour bâtir une tourelle aux abeilles plus productives que son maigre troupeau ? Nous appelons le laboureur, revenant à la nuit tombée s'asseoir à sa table luisante, qu'entourent les mains avides des petits enfants ; par là, derrière la haie du bûcher, ne saurait-il trouver un coin tranquille pour les ruches qui réjouiraient ses frugals repas ? Nous appelons, par sa fenêtre ouverte, l'ouvrier du faubourg que retient la tâche, incliné du matin au soir sous les obliques solives de sa chambre haute ; n'y a-t-il point possibilité d'établir au rebord du toit une autre demeure pour les mouches à miel, travailleuses comme lui à la journée et joignant leur doux produit à son âcre et pénible salaire? Nous appelons le cupide campagnard, arpentant, le front soucieux, les mains au dos, la longueur ombragée de son champ; comment ne lui vient-il pas en idée de tirer profit des mille fleurs éparses sous ses pas, et n'a-t-il pas, lui, toute facilité pour fonder sur sa terre une colonie d'ouvrières empressées? Nous appelons le riant propriétaire, que chaque printemps ramène à sa villa favorite, dont il rouvre, dans le ravissement du matin, les volets longtemps fermés; le jardin n'a-t-il pas un coin, le vallon n'a-t-il pas un abri, le coteau n'a-t-il pas un détour? Lui-même n'aurait-il point un secret plaisir à offrir, avec le vin de sa cave vantée, le miel à nul autre pareil de la localité? Nous appelons, enfin, plus haut et plus loin de nous, les savants directeurs de nos fermes modèles ; négligeront-ils donc davantage une branche de l'économie rurale, qui a sa double étendue dans le champ ordinaire des récoltes et dans celui de l'industrie ? Y aura-t-il encore proscription des abeilles dans ces enceintes où l'Etat donne l'exemple à tous et met lui-même la main à la charrue de l'inventeur ?

Mais ce que ne fera pas commencer l'intérêt de ces pages trop peu persuasives , l'intérêt plus réel du gain, qu'à tout le moins nous aurons éveillé, l'essayera peut-être. Notre voix ne se sera pas élevée en vain pour la réhabilitation des abeilles ; si un seul effort se vient joindre à notre désir, nous n'aurons pas crié dans le désert. Y a-t-il un désert possible là où est enfoui et indiqué un trésor ?

C'est donc plus qu'une prière que nous adressons, au sujet de la culture des abeilles, à tous les hommes intelligents et amis de la nature, c'est un véritable réveil que nous voudrions opérer dans leur esprit et dans leur industrie.

Après les longues heures de l'engourdissement, au matin des nuits noires, lorsque sur l'humide dôme des ruches comme sur le toit des demeures humaines, l'aube émet ses premières lueurs, il se passe dans les intérieurs, où se ranime la vie, de merveilleux spectacles. Nous ne voulons parler que des abeilles. Que voyez-vous s'agiter dans la ruche émue à la montée du jour ? La reine, éveillée, comme le coq matinal, la reine, qui, la veille au soir, avait, du centre de son empire, récité la prière du soir, puis surveillé le silence du sommeil général avant de s'endormir elle-même, la reine est encore celle qui se met en mouvement la première pour donner le signal des travaux. Elle se lève et bat de l'aile bruyamment sur les têtes assoupies de son peuple ; elle fait retentir et résonner sa voix tour à tour, comme un roulement militaire et comme un son de trompette aux notes prolongées. Ses suivantes imitent ses mouvements, joignent leurs accents aux siens, partagent son impulsion, parcourent enfin toutes les parties de la ruche, qu'elles embrasent d'une même ardeur. Peu à peu les ouvrières se redressent, s'étirent, secouent leur sommeil et reprennent en bourdonnant leur chaleur et leur activité. Une telle voix persistante suffit pour les arracher à l'inaction et à la torpeur de la nuit, un rayon de lumière achève de les tirer à la vie extérieure et les décide à la reprise quotidienne de leurs riches travaux.

Puissions-nous avoir, au moins, parmi les agriculteurs le zèle, et le succès d'une reine parmi les abeilles !

Puissions-nous être cette voix qui s'élève quand le rayon descend ! Puissions-nous être entendus pendant que la lumière se fait !

XXV.

La valeur d'une ruche ne se peut fixer d'une façon abstraite ; elle varie, suivant les cas, de 2 à 40 francs (1) ; au chapitre des parasites nous avons déjà parlé des mauvaises ruches. Une

(1) Il existe sur la vente des ruches une étrange superstition. Dans quelques unes de nos campagnes les paysans croiraient se nuire en achetant ou en vendant des abeilles. Cet insecte leur est presque sacré ; ils n'oseraient en faire un objet de commerce. Quelque chose des cultes antiques retient leur cupidité devant cette mouche mystérieuse et chère aux dieux. Ils sont persuadés que s'ils se la procurent à prix

bonne doit être bien peuplée d'abeilles dégourdies et actives ; son poids sera de 70 à 80 livres ; sa cire pure de fausses

d'argent ils seront punis par son dépérissement, même entre leurs mains vénales. Pour cela ils n'achètent point de ruche, ils se contentent de les échanger contre une mesure de froment ; ils n'osent trafiquer et par suite s'occuper activement des abeilles. Ce sont là de regrettables croyances ; si elles sont à honneur à l'insecte qui en est entouré, elles sont loin de tourner à son profit, et l'abandon dont il est victime paye trop cher la vénération inutile dans laquelle il demeure isolé.

On voit même des ménages, troublés par des dissensions intestines, des héritiers, divisés par des procès, qui négligent par la même raison leurs abeilles sous l'empire de cette idée singulière, que les ruches, attristées, doivent bientôt dépérir. En certains pays on fait porter le deuil aux abeilles et le lendemain du passage de la mort, ces pauvres mouches, qui n'y peuvent rien, voient des crèpes funèbres flotter sur leur édifice. Nous respectons, plus que d'autres, le

teignes aura douce odeur et bonne couleur. On peut acheter des ruches en automne, en hiver ou au printemps ; en été le transport en serait dangereux, à cause du ramollissement des gâteaux, que le moindre ébranlement ferait écrouler.

On reconnaît la santé d'une ruche aux indices suivants :

1° Quand les abeilles sortent dès le matin par la rosée et qu'elles reviennent tard abondamment chargées.

2° Quand elles sont vives, alertes, proprettes, vigilantes ; qu'elles emportent au loin les mouches mortes ;

sentiment d'où sont nées de telles chimères : les abeilles sortent, pour nous, de la ligne commune des animaux ; elles voltigent plus près de la divinité, dont les fleurs de la terre sont les sourires et les doux regards ; mais nous déplorons des superstitions, d'où, en définitive, résulte un véritable préjudice, tant pour l'insecte que pour l'homme qui doit l'élever.

qu'elles nettoient leur entrée et y veillent en nombreuse garde ; qu'au moindre mouvement étranger s'élève de toute part un bruissement et comme une émotion longtemps prolongée.

3° Quand elles tuent et chassent de bonne heure les faux-bourdons (ce signe n'existera plus dans nos ruches de 2ᵉ année).

4° Quand, dans les premiers beaux jours du printemps, en approchant l'oreille de la ruche, on entend un doux murmure qui semble venir de fort loin et que ce murmure augmente dans la ferveur de midi ou s'élève sur un diapason soutenu à l'heure sainte de la prière du soir. Au fond leur vertu n'est autre que leur santé ; l'animal bien portant est toujours on ne peut plus édifiant par la régularité parfaite des diverses fonctions de ses organes et de sa vie.

XXVI.

A titre de renseignements, nous indiquons en terminant ce traité, quels moyens sont préférables pour la séparation et la préparation du miel et de la cire.

Le miel qu'on nomme *vierge*, ou premier miel, s'obtient par l'écoulement naturel des gâteaux exposés à la chaleur du soleil. On se sert pour cela d'un tamis de crins, traversé intérieurement de plusieurs baguettes, sur lesquelles se posent les rayons ouverts et fraîchement enlevés aux ruches. Par dessous le tamis est un réceptacle quelconque, en bois ou en terre vernissée, le tout est recouvert d'un linge qui défend le gâteau des insectes alléchés et même des abeilles qui pourraient venir reprendre ce qui leur a été enlevé. L'exposition au soleil suffira pour faire couler le miel des alvéoles et il filtrera à travers le tamis en abandonnant la cire. Ce miel parfait sera susceptible d'être parfumé davantage aux heures mêmes de l'opération : des feuilles ou des fleurs d'oranger, de rose, de jasmin, de citronnier ou d'autres herbes aromatiques, jetées sur le tamis, livreront au passage l'essence de leurs divers parfums. On enfermera le miel, ainsi recueilli, dans de petits barils de bois, ou mieux encore dans des vases de terre vernissée, que l'on multipliera comme pour l'empotement des confitures. Le tout sera déposé dans un lieu frais et sec et s'y conservera, en se durcissant, plusieurs années sans altération sensible.

Un miel de deuxième qualité s'obtiendra en exposant le même gâteau dans lequel reste encore un septième de miel, à une chaleur artificielle accompagnée d'une légère pression.

Un troisième miel, très-inférieur, ressortira d'une pression plus forte des rayons épuisés que l'on enfermera dans un sac de grosse toile et qu'on laissera tremper dans l'eau tiède. Ce miel, mélangé d'eau, ne prend de consistance qu'après qu'il a bouilli sur un feu doux et qu'une partie de l'eau s'est ainsi évaporée.

L'hydromel, cette boisson fameuse dont s'enivrait l'Olympe, n'est ainsi qu'une fermentation de miel et d'eau, chauffés ensemble, et enfermés dans la fraîcheur d'un caveau.

Partout vous trouverez les communes recettes des différentes liqueurs où le miel entre comme élément, telles le ratafia au miel, l'hydromel de primevère, l'hydromel russe, le sirop de miel, l'hydromel vineux, etc... Nous

nous arrêtons au seuil des cuisines,
rendant les armes à de plus experts
que nous en ces mielleuses ma-
tières (1).

(1) Cependant, voici d'après les parfaites
indications de M. Varembey quelques procédés
spéciaux que l'on sera peut-être bien aise de
rencontrer ici.

Hydromel commun. On verse dans une chaudière le liquide provenant de la seconde pression
du marc des rayons, ainsi que l'eau tiède avec
laquelle on a lavé tous les instruments dont on
a fait usage dans l'extraction du miel. On écume
jusqu'à réduction d'un quart ce contenu, bouil-
lant à l'exposition d'un feu doux, puis on le passe
dans un linge ou dans un tamis et, le vidant dans
un baril dont la bonde reste ouverte, on laisse
agir la fermentation. Lorsqu'elle se calme, si on
a eu soin de conserver en bouteille une certaine
quantité du même liquide, on remplit le baril et
peu à peu et prudemment on enfonce le bondon.
Après trois mois de séjour dans la cave l'hydromel est potable.

Hydromel vineux ou *vin de miel.* Il s'obtient

Mais nous nous hâtons de prévenir contre la grossièreté des procédés assez souvent employés dans l'extrac-comme le précédent, avec cette seule différence qu'au lieu d'eau miellée, on prend une partie de miel pur, étendue dans quatre parties d'eau, on fait bouillir le mélange en l'écumant jusqu'à réduction d'un tiers. On entonne le reste et l'on se comporte comme précédemment. Cet hydromel finit par prendre la force et l'écume du vin de champagne. 10 kilogrames de miel purifié, 10 litres de vin blanc et 2 litres d'alcool, enfermés dans des bouteilles cachetées donneraient encore un hydromel vineux fort agréable.

Eau-de-vie à miel. L'eau miellée provenue de la seconde pression du marc et livrée à la fermentation durant cinq ou six semaines sous l'action du soleil, rendra par la distillation cette liqueur très-spiritueuse et qui pourront être avantageusement utilisée.

Purification du miel ou *sirop de miel.* On verse 10 kilogrammes de miel impur dans une chaudière avec cinq litres d'eau ; on agite et l'on chauffe promptement le mélange jusqu'à l'ébullition. On y jette alors 1 kilogramme de charbon

tion du miel. Ainsi ceux qui écrasent sans discernement ou jettent ensemble, pour augmenter la quantité, tous

animal, préalablement traité par l'acide chlorydrique ; on délaie avec soin et après deux minutes d'ébullition, on ajoute encore deux hectogrammes de charbon végétal en poudre grossière, et on agite fortement pendant une ou deux minutes. On jette alors dans la chaudière, en remuant énergiquement le tout, 1 hectogramme de blancs d'œufs, avec leurs coquilles, fouettés d'avance dans un litre d'eau ; puis on retourne complètement la masse par quatre ou cinq secousses imprimées du fond de la chaudière à l'aide d'un râble en bois qu'on enlève aussitôt. Dès que l'ébullition se manifeste de nouveau, le mélange est jeté sur un filtre en laine. Le premier liquide, qui passe ordinairement trouble, est reçu à part et rejeté sur le filtre ; le produit de la filtration est un sirop parfaitement pur et dépouillé de l'arôme du miel; il est concentré dans une chaudière plate par une évaporation vive et rapide et aussitôt propre à jouer le rôle du sucre dans tous les accommodements domestiques.

les rayons d'une ruche, quel que soit leur contenu, pollen ou couvain, abeilles même ou nymphes prêtes à s'envoler, vieille cire moisie ou fausses teignes amères ne peuvent, on le comprend, que livrer au commerce avide, un miel vicieux et impur.

D'autres falsifient avec de la farine ou de l'amidon; c'est le grand nombre; ce miel affadi se reconnaîtra, lorsque plongé dans l'eau, il la troublera d'une vase laiteuse.

Le bon miel sera clair, transparent, lourd et filant: s'il est conservé depuis quelque temps il sera blanc, dur, épais, grenu et, dans l'un ou l'autre état, il émanera une odeur douce, et légèrement aromatique; il ne vous laissera, en aucun cas au fond de la gorge, cette âcreté altérante qui dégoûte, de la plus merveilleuse des nourritures, foule de palais qui n'en ont jamais connu la véritable saveur.

La cire est le résidu des rayons trois fois exprimé et réduit en marc. Cette espèce de marc se fait fondre dans l'eau chaude ; on le presse, on le remet dans l'eau bouillante : la cire surnage purifiée et on la verse dans des moules pour en former des pains et la livrer ainsi au commerce (1).

(1) Lorsqu'on a extrait des rayons tout le miel qu'ils contenaient, on met le marc dans une chaudière remplie d'un tiers d'eau et placée sur un feu clair. Dès que la cire est fondue elle commence à bouillir ; on la verse alors dans un sac ou sur le plateau d'un pressoir disposé à cet effet. On serre, on exprime la cire encore coulante et on la reçoit dans des baquets à demi remplis d'eau où elle se refroidit et se fige promptement. Cette opération peut se renouveler deux fois pour l'extraction complète de la cire contenue dans le marc.

Un autre moyen consiste à placer au fond d'une chaudière un sac de toile, fermé et rempli de marc ; on l'y retient par des poids, l'eau le

Nous pourrions ici, à ce point de vue du commerce, exposer les plus brillants calculs du profit possible de nos ruches. Mais plutôt que de chercher à éblouir l'esprit de nos lecteurs, par des fantômes de millions toujours faciles à évoquer, nous préférons, laisser pleine surprise à ceux qui accorderont confiance et persévérance à nos procédés. Nous rappellerons seulement que d'après nous, *l'étouffage* des abeilles est à jamais réprouvé; que la prise et la multiplication des essaims sont toujours assurées ; que la grande majorité des mâles, ou consommateurs inutiles, est retran-

recouvre et commence à bouillir, alors on voit la cire qui, à mesure qu'elle fond, monte à la surface de l'eau. Il ne reste qu'à la ramasser, à l'écrémer pour la laisser ensuite se figer dans l'eau fraîche ; puis on la refond en prenant garde de ne pas la brûler, et on la coule en pains.

chée de chaque communauté d'ouvrières, par cela même rendues plus
nombreuses et plus actives; qu'enfin,
au moyen de notre toiture, l'engourdissement de l'hiver laisse intactes
d'immenses provisions dont l'apiculteur augmentera son profit.

Ces avantages marqués joints aux
soins nouveaux que nous prescrivons,
sont de nature à doubler, à tripler, à
quatrupler, nous osons dire à multiplier presque infiniment les bénéfices jusqu'à présent obtenus. Car non
seulement nous retirons un profit
quatre ou cinq fois plus fort de chaque
ruche individuellement prise , mais
encore par une application générale
du même système nous arriverons à
donner au nombre des ruches actuel-
lement existantes une proportion toujours croissante.

Nous pouvons donc affirmer que ce
sera là un jour une des sources de la

richesse nationale. Les abeilles sont de toute façon destinées à être bénies sur la terre de France.

XXVII

Le miel! la cire! quelles substances! et qu'il nous semble juste de les appeler divines entre toutes les autres! Nous avons expliqué leur merveilleuse origine, nous avons pénétré le mystère de leur formation. C'est dans la goutelette de rosée des fleurs, c'est dans la manne subtile des arbres que la plus savante des mouches s'en va les recueillir sous l'effluve du plus doux soleil; est-ce la terre, est-ce le ciel qui fournit davantage? Nul ne le peut dire. Voilà le miel mystérieux entre vos mains; prenez et mangez, c'est le Créateur qui l'a fait travailler pour vous. Voilà la cire brûlante; prenez et élevez vers lui sa flamme limpide; elle sera l'image de votre amour et de votre reconnaissance!

Mais, que s'est-il donc passé! Nous demandons aux hommes : Que faites vous de votre miel, qu'avez-vous fait de votre cire? Ils ne nous répondent pas; ils sourient, ils haussent l'épaule. beaucoup ne savent plus de quoi nous voulons leur parler.

Le miel est laissé aux lèvres naïves des enfants; la cire est bonne pour les vieilles femmes agenouillées sur les dalles gothiques. Du miel on fait du pain d'épice; de la cire on fait des magots.

Autrefois il n'en était pas ainsi. Jupiter, le père des dieux, ne trouva pas de plus dignes nourrices que les abeilles du mont Ida. L'Egypte promenait ses villes de ruches sur les radeaux vénérés du Nil. La Grâce lisait l'avenir dans le vol de ses essaims. Le mont Hymète était un mont sacré ; une longue vie était promise aux mangeurs de ses miels parfumés. Les Hébreux payaient au Seigneur la dîme de leurs rayons. Le miel était la nourriture des forts : Samson vit un jour en passant dans les bois un lion qui lui en offrait une gueule pleine et il la prit. Au temple de Jérusalem , des milliers de cordes en cire brûlaient incessamment a la face du Très-Haut , et les vapeurs de ses flammes odorantes suspendaient ses redoutables colères sur la tête de son peuple. Rome, la gourmande, voyait, de ses tables, ruisseler de miel les flancs du mont Hybla. Virgile, par les champs fortunés, poursuivait l'abeille du vol de son génie. Les Druides armoricains, en agitant la faucille d'or pour couper le gui des chênes, la plongeaient encore dans

les cavités de leurs troncs et en reti-
raient avec délices le miel sauvage des
forêts. Les moines, ces hôteliers de la
civilisation durant la longue nuit des
siècles occidentaux, abritèrent aussi
sous leurs arches de pierre les com-
munautés exemplaires des bénédic-
tines abeilles. Le moyen âge illumina
de flambeaux de cire les féeries de ses
cathédrales. Depuis l'humble flamme
qui se consume solitaire devant une
niche mystérieuse jusqu'aux éblouis-
santes constellations des chapelles
ardentes, depuis le cierge que porte,
en de longues processions, un vieux
confrère à la main tremblante, jusqu'à celui que l'église exalte au temps
pascal sous les voûtes noircies du
chœur, depuis le luminaire du bap-
tême jusqu'au candélabre funèbre,
c'est toujours la cire qui brûle avec
l'encens, seule pure et seule digne
de figurer, dans sa poétique clarté,

l'amour et la prière des hommes !

Les rois francs eux-mêmes prirent l'abeille pour emblème ; Childéric en fit ciseler les images en or et s'enferma avec elles dans son tombeau ; plus tard elles en sortirent et, chose singulière ! d'abeilles elles devinrent fleurs ! les ailes se recourbèrent en corolle, les antennes furent des pistils, l'aiguillon devint une tige. Sur l'or des trônes parut le lis d'argent ! Mais au fond du lis était restée l'abeille ; la voilà qui vient de ressortir et voltige familièrement jusqu'à l'épaule auguste qui soutient le monde aujourd'hui !

Nous prenons confiance ; sous le règne de l'abeille on rendra à sa réalité vivante ce que son image nous représente en protection et en prospérité ; comme l'aigle, figure de guerre, l'abeille, emblème de paix, aura ses soldats et ses victoires ; le mouvement pacifique de l'industrie et de l'agriculture se portera, l'œil ouvert, la main act.ve, sur cette partie négligée de nos produits. Nous tirerons le miel non seulement des montagnes de Corbières, du fond de la Bretagne ou des extrémités de la haute Provence, mais de tous les points de la France, même les plus arides, puisque les plantes sauvages ne sont pas les moins productives. Nous mangerons alors du vrai miel, ce qu'on ne trouve plus, ce qu'on ne sert plus sur nos tables. Nos médecins nous le conseillerons et pour nous le procurer nous ne serons pas obligés d'en passer par les dégoûtantes pâtes de nos pharmaciens ou de nos épiciers abusés. Sous le dôme de nos ruches banales, d'honnêtes ouvrières l'entasseront incessamment pour nous.

De même qu'avec l'abondance et le bon marché des produits, on reviendra à la salutaire consommation du miel, on trouvera encore dans les diverses applications de la cire une source de fortune et d'édification. On reprendra son usage sacré dans nos temples, où, non sans une blâmable dérogation aux lois du culte divin, elle est remplacée sur les autels par de longs cierges en ferblanc dont le ressort honteux presse et fait monter secrètement un ignoble bâton de graisse infecte. Revenant à la pureté de la cire, seule offrande agréée du Créateur comme essence des biens de la terre, on comprendra mieux, nous l'espérons, la dignité du sanctuaire.

Les fausses apparences d'or, d'argent, de marbre ou de pierreries sont de matérielles impostures ; elles mentent au Dieu de vérité et désenchantent la piété du fidèle qui en découvre tôt ou tard la réalité misérable. Mieux vaut le bois ou la pierre dans leur franche nudité ; l'humble autel d'une

église de village est mille fois plus
en harmonie avec le Dieu de la crèche
que le monument de cuivre doré,
incrusté de verroteries et installé à
grands frais, sous l'œil du pauvre
mourant de faim, au fond d'un temple
tout reluisant d'un *stuc* trompeur. Le
sanctuaire doit être vrai et simple
comme le cœur du juste ; que tout y
soit pur, que tout y soit ce qu'il paraît être.

Que l'encens soit de l'encens et
non pas une poussière immonde ; que
les fleurs de l'autel soient des fleurs,
ou des feuillages, ou des branches de
pin toujours vertes, mais non point de
grimaçantes fleurs d'étoffe ou de pa-
pier, disputées aux salons des mar-
chands de modes de l'endroit ; que la
nappe soit de lin fin et non pas une
vieille basque de dentelle abandonnée
par une marquise mourante au clo-

cher de sa paroisse! que le prêtre soit vêtu d'une grande robe de toile virginale, glorieusement empreinte d'une croix sur la poitrine et non point ridiculement affublé d'une pelisse informe, encroûtée d'or, et de deux ou trois oripeaux flottants à son cou et à ses mains; que la flamme allumée sous les voûtes noircies représente et rappelle l'holocauste antique et ne contienne plus jamais qu'une cire vierge, expression suave et choisie du monde matériel tout entier!

Les *frais du culte* seront alors bien entendus, et nous ne connaissons personne, à quelque religion qu'il appartienne ou qu'il n'appartienne à aucune religion, qui puisse les blâmer, s'en moquer ou les déplorer en face de la misère des temps.

Mais où les abeilles vont-elles nous

entraîner! Après tout, est-ce sortir de leur domaine que de parler de leur auteur, et n'avons-nous pas tous le devoir de jeter une bonne pensée lorsqu'elle nous presse de son aiguillon? Nous livrons donc cette page aux lecteurs qui ont bien voulu nous suivre jusqu'ici; fasse le ciel qu'elle ait son influence dans le monde catholique!

Nous ne saurions assez préconiser l'usage de la cire. Tous savent comme nous quel serait son avantage dans la pratique habituelle des intérieurs. Elle seule devrait être employée dans les veillées des ménages ; elle seule au chevet des malades. L'arôme qu'elle dégage en se consumant serait déjà un agrément et une condition de bien-être. Que de pauvres filles se sont usées la poitrine ou les yeux dans leur travail de chaque soirée, enveloppées des pernicieuses vapeurs de la lampe boiteuse ou de

la chandelle tristement tremblotante !
Ne serait-ce donc pas un bienfait
national et populaire que celui de la
culture en grand de nos abeilles ci-
rières ! Qu'est-ce que nos détestables
bougies ? Fleurs des bals sitôt fanées,
jeunes femmes qui tournez éperdues
sous les lustres dorés, c'est à vous
que, plus tard, après de longs hivers,
le vieil ami, revenant vous revoir au
jour tranquille de vos foyers, c'est à
vous qu'il doit surtout cacher sa mé-
lancolique surprise. Quoi donc vous a
vieilli ainsi avant l'âge ? quoi, jeunes
mondaines, a terni votre front ? Les
nuages montés du cœur, peut-être !
mais plus encore, croyez-nous, le
reflet fatal des bougies contrefaites,
les miasmes de tous ces feux impurs
qui pesaient sur vos éclatantes épaules
et brûlaient, à petit feu, le teint délicat
de vos joues animées !

L'emploi de la cire, qui fait briller

nos parquets et devrait éclairer nos
plafonds, a mille autres profits encore,
dans le détail desquels nous n'entre-
rons pas, nous en laissons la liste aux
industriels. 200,000 kilogrammes s'en
dépensent à Paris chaque année ; et
combien voit-on peu cependant l'usage
extérieur de la cire ! Cette substance a
toute une destinée.

Aussi la Providence l'a-t-elle ré-
pandue partout et même semée à pro-
fusion sur la surface de la terre. Il
n'est pas un champ, pas une pente de
colline, pas une feuille, pas un œil
de fleur ouvert dans nos prairies qui
n'en contienne sa mesure. L'action de
l'insecte qui la recueille est encore un
avantage tel, pour la propagation des
fleurs elles-mêmes, surtout de celles
qui vont produire des fruits, que l'on
hésite entre la valeur de l'abeille et
celle de son œuvre ! Les ruches sont

les garanties des vergers (1). Que de richesses ainsi versées et oubliées

(1) Oui, certainement, la présence des ruches dans les jardins, au milieu des arbres fruitiers, est des plus efficaces pour la beauté et la bonté des produits agricoles. Les nuées d'abeilles, en s'abattant sur les fleurs, contribuent, comme la rosée et le soleil, à leur épanouissement, à leur propagation, à leur prompte fructification ; soit par le travail de ses mandibules, qui ouvre à l'avance le cœur de chaque corolle, soit par l'aspiration de sa trompe qui appelle la sève et la met aussitôt en circulation, comme le ferait un petit siphon, l'abeille a sans nul doute, une influence heureuse sur la destinée de la fleur où elle se pose. Son baiser est un baiser de vie et de fécondité. Partout où nous avons établi des ruches ce phénomène nous a été sensible. Nous y avons vu une raison de plus d'aimer les abeilles, et un nouveau motif pour en recommander à tous les agriculteurs l'accueil et l'entretien.

Beaucoup nourrissent, malheureusement, un préjugé contraire ; ils s'imaginent que les abeilles vont attaquer les fruits, que leur voisinage est

par l'étendue des campagnes! Que de
concours négligés! La main de Dieu

des plus pernicieux aux vergers et qu'on ne
saurait trop les en éloigner. C'est là, nous
l'affirmons, une odieuse calomnie. Jamais une
abeille, appartenant à nos ruches, ne se permet-
trait un pareil brigandage ; jamais on ne verra
un fruit entamé par l'une d'elles si succulent et
si proche qu'il soit. Mais de tels dégats, trop
souvent renouvelés, ont pour auteurs des
mouches vagabondes et indisciplinées ; les
guêpes, les frelons, les bourdons et mille autres
petits voleurs ailés suffisent à expliquer tous
les ravages. Nous signalerons enfin une sorte
d'abeille, errante, sans domicile et l'on pourrait
dire également sans profession, comme coupable
de ces méfaits. Celle-là n'a de commun avec les
nôtres que le nom générique d'abeille : c'est une
espèce sauvage, solitaire, pour ainsi dire dégéné-
rée, et que l'on trouve parfois en abondance
assemblées dans l'ombre des lieux immondes.
Comment a-t-on pu confondre cette mouche
impure avec l'abeille de race, avec l'abeille
qui a nourri le père des Dieux et doit enrichir
les fils des hommes ?

est là, ouverte devant nous, et nous passons et nous marchons dessus sans même nous baisser! Ne sommes-nous pas les fermiers de la terre et ne nous en sera-t-il pas demandé compte comme d'un denier confié à nos intelligentes opérations? Sans doute nous ne pouvons rien créer; mais nous pouvons, nous devons tout utiliser.

FIN.

LOIS SUR LES ABEILLES

Extrait de la loi du 28 septembre 1791 :

« Le propriétaire d'un essaim a droit de le réclamer et de s'en saisir tant qu'il n'a pas cessé de le suivre ; autrement l'essaim appartient au propriétaire du terrain sur lequel il est fixé.

« Un essaim qu'on aperçoit en l'air et qui n'est pas suivi appartient aussi à celui qui l'a aperçu et qui le suit.

« Les ruches d'abeilles ne peuvent être saisies ni vendues pour contributions publiques, ni pour aucune cause de dettes, si ce n'est par celui qui les a vendues ou celui qui les a concédées à titre de cheptel ou autrement.

« Pour aucune cause, il n'est permis de troubler les abeilles dans leurs courses et travaux ; en conséquence, même en cas de saisie légitime, les ruches ne peuvent être déplacées que dans les mois de décembre, janvier et février. »

Ainsi, règle générale pour la propriété des essaims :

1° L'essaim appartient au maître de la ruche qui le produit, pourvu que ce maître n'ait pas cessé de le suivre, et il peut le prendre partout où il s'arrête, à moins que l'essaim n'entre dans une ruche déjà habitée, cas auquel il le perd.

2° L'essaim abandonné qui s'arrête ou se groupe sur un fonds quelconque, sans s'y établir, peut être cueilli par le premier occupant, à moins que le propriétaire du fonds ne s'y oppose.

3° L'essaim abandonné qui s'établit et se fixe à demeure sur un terrain, appartient au maître du terrain, et celui qui le prend en son absence et sans son consentement se rend coupable de vol.

Article 534 du code civil :

« Sont immeubles par destination, quand elles ont été placées par les propriétaires pour le service et l'exploitation du fonds, les ruches à miel. »

De là il suit :

1° Qu'on ne peut les saisir comme meubles ;

2° Qu'elles sont comprises dans la vente pure et simple du fonds sur lequel elles sont placées, à moins qu'il n'y ait une clause expresse de réserve à leur égard ;

3° Qu'elles sont susceptibles de saisie immobilière, en même temps que le fonds sur lequel elles sont établies.

Il serait à souhaiter que les derniers termes de la loi du 28 septembre 1791, termes si sages et si protecteurs, soient d'une application plus ferme et plus étendue. Il est défendu de troubler les abeilles dans leurs courses et leurs travaux ; il n'est pas permis de déplacer les ruches, sauf l'hiver, époque de sommeil et d'engourdissement ; cela est bien, cela est digne de l'esprit de nos lois où tout est prévu, tout est contenu, depuis le prince jusqu'au moucheron, depuis le vol de l'abeille jusqu'à celui de l'aigle ! mais ne saurait-on comprendre davantage encore ? La sollicitude du légiste ne devrait-elle pas aller plus loin, c'est-à-dire plus près de son objet ? est-ce donc trop demander que de réclamer sa justice, déjà promise dans la protection des travaux de l'abeille, que de la réclamer pour la vie même de cet insecte trop souvent sacrifié ? Si l'on respecte ses courses, ses allées et venues par la campagne, ne se montre-t-on pas, le plus souvent, d'une étrange barbarie lorsqu'il s'agit de lui arracher le fruit de son patient et admirable labeur ? Des millions d'abeilles ne sont-elles pas alors écrasées, enfumées, étouffées, suffoquées, englouties, jetées à la chaudière avec le miel des ruches saccagées ? Aucune peine cependant ne frappe l'indigne apiculteur qui use de tels procédés. Il accomplit tranquillement son œuvre destructive, la renouvelle de même, immole à sa rapacité aveugle les éléments de sa propre richesse, brise dans les tortures les petites vies qui concourent merveilleusement au bien-être de la sienne, règle ses massacres comme des coupes de bois, vient à bout chaque année de la plus absurde comme de la plus indigne des cruautés, et tout ceci à son aise, au milieu des siens qui s'assemblent autour de lui comme à une fête, pour le voir opérer, joyeux, triomphant, sans piqûres et sans remords ; il se lave les mains et tout est dit. Non ! un tel état de choses ne peut durer plus longtemps. La loi, la police ne passeront pas devant de tels spectacles sans étendre sur le coupable une main répressive. L'homme qui maltraite son cheval, son bœuf ou son âne tombe bien sous le coup d'une juste pénalité. Celui qui étouffe ses abeilles et les immole sottement à sa maladroite cupidité ne mérite-t-il pas un même châtiment ? La petitesse de l'insecte fera-t-elle qu'il ne soit pas également protégé ? doit-il y avoir un être de trop

petit pour être aperçu devant la justice des hommes comme devant celle
de Dieu?

Nous l'espérons donc, et nous le
réclamons ici de toute notre énergie,
le juge ouvrira davantage les entrailles
de la loi, déjà émue en 1791 en faveur
de nos précieuses abeilles; il l'inter-
prétera sans peine dans le double sens
de la protection des travaux et de l'existence des mouches à miel. Aujour-
d'hui, avec nos instruments et d'après
notre méthode, le meurtre d'une seule
est sans excuse; que la loi agisse donc
sans crainte d'être sévère, que l'offi-
cier public surveille l'apiculteur pri-
vé, que chaque tribunal tienne l'œil
et la main sur chaque ruche !

QUESTIONS

PROPOSÉES AUX APICULTEURS

1° Vu la fécondité inépuisable de la reine, y aurait-il possibilité de lui faire continuer sa ponte durant l'hiver en soumettant la ruche à une chaleur artificielle ? Faisant ensuite des essaims sous l'influence de cette même chaleur, et préparant ainsi pour le printemps, dès le cœur de l'hiver, une multiplication incessante et sans borne, n'arriverait-on point, tout calcul fait des dépenses de nourriture, à un résultat productif et progressif dans la culture des abeilles ?

2° Ne pourrait-on redonner aux abeilles le miel amer, mauvais, composé de fleurs vulgaires telles que celles du sarrasin ou de la bruyère, et obtenir par le nouveau travail de leur dégorgement un miel épuré, adouci et meilleur ?

3° Ce miel, ou tout autre serait-il suffisant aux abeilles qui ont à construire leurs alvéoles, et n'y aurait-il pas ainsi un moyen d'obtenir à volonté de la cire par la sécrétion de cette unique nourriture ?

On comprendra l'importance industrielle de ces trois problèmes, nous en laissons les réponses aux expérimentateurs, nous en espérons la solution pour les apiculteurs intéressés. C'est à savoir jusqu'où peut aller l'administration et l'adresse de l'homme et quel profit il lui est permis de tirer des combinaisons de son génie avec celui de l'abeille.

CALENDRIER DES ABEILLES

ou

MEMENTO DE L'APICULTEUR.

JANVIER.

Les abeilles dorment. — Incliner le siége des ruches pour l'écoulement des eaux. — Enlever les neiges amassées à l'entour. — Faire le transport des ruches, s'il est nécessaire; en construire et en préparer de nouvelles pour le printemps.

FÉVRIER.

Premier réveil des abeilles. — Approvisionner les ruches faibles.—Les aérer durant les beaux jours, en enlevant le rideau de paille abaissé sur les côtés. — Relever même légèrement la toiture si le temps le permet.

MARS.

Première ponte de la reine (1). —

(1) Nous avons affirmé dans le corps de cet ouvrage que la ponte des reines était d'une seule nature, c'est-à-dire qu'elle ne produisait qu'une espèce d'œufs, diversifiés seulement dans leurs éclosions, en mâles, en ouvrières ou en reines, suivant la forme et la capacité du berceau dans lequel ils étaient déposés. Déjà nous avons raconté, à l'appui de ce singulier phénomène, notre expérience du remplacement d'un œuf d'ouvrière par un prétendu œuf de reine dans

Dangers de maladies pour les abeilles.
L'humidité et la cire gelée sont des

une cellule d'ouvrière où ce dernier trouvait une
nouvelle et commune destinée. Nous avons
renouvelé cette épreuve entre un œuf de mâle
et un œuf d'ouvrière. Mais pour insister davantage et achever de convaincre les savants jusqu'ici
contre nous, nous ajouterons cette observation
que, dans l'intérieur de la ruche, les alvéoles de
mâles sont toujours entourés ou entremêlés d'alvéoles d'ouvrières ; que par conséquent, il faudrait supposer, si la reine contenait dans son corps
diverses espèces d'œufs, que tout en se promenant
inégalement au dessus des alvéoles elle interver-
tirait tour à tour la nature de sa ponte pour jeter,
suivant chaque casier correspondant, l'œuf de
mâle, l'œuf d'ouvrière ou l'œuf de reine. Un tel
mécanisme, une telle habileté de ponte ne saurait
vraisemblablement se supposer. Il serait étrange
d'attribuer à un derrière d'abeille en mouvement
dans une ruche, ce que peut à peine faire exactement une tête de prote dans une imprimerie.

Enfin s'il était besoin d'une autre démons-
tration de notre nouveau principe, touchant

causes de dyssenterie. — Les prévenir
par l'enlèvement des gâteaux moisis.
— Relever la toiture pour laisser pénétrer les premiers rayons du soleil

AVRIL.

Reprise des travaux s'il y a des
fleurs écloses. — Guerre des abeilles
entre elles.—Les pauvres attaquent les
riches (1). — Pontes abondantes de la

l'uniqualité des œufs, on la trouverait dans notre
opération de l'enlèvement du gâteau de mâles
au mois de juillet, immédiatement remplacé par
des alvéoles d'ouvrières; comment expliquer alors
que la reine imite en elle-même notre changement
artificiel, transforme ses œufs dans son intérieur, et ponde pour la circonstance au lieu de
mâles, des ouvrières?

(1) C'est ici le cas de transvaser les ruches
et de réunir les faibles aux fortes ou deux faibles
en une seule, comme nous l'avons enseigné.
Cette opération, simple en elle-même, rencontre

reine. — Relever entièrement la toiture et laisser voir le ciel bleu aux abeilles empressées.

MAI.

Apparition des faux-bourdons. —

parfois des difficultés. Si, par exemple, les deux ruches qu'il faut unir n'ont pas la même capacité ou la même forme, si l'une est ronde et l'autre carrée (cette différence de forme n'existera pas dans nos ruches à dôme), on ne pourra les appliquer exactement et immédiatement l'une sur l'autre. On mettra donc entre elles deux une planche qui recouvrira la plus grande et sera percée dans le milieu, pour le passage des abeilles, d'une ouverture en rapport avec la dimension de la plus petite. On aura toujours soin de garnir toutes les fentes et de ne laisser aux abeilles emprisonnées que cette seule communication d'une ruche à l'autre ; en les enfumant par le bas elles monteront, plus ou moins vite, dans la ruche supérieure, désormais la seule survivante.

Essaims naturels. — Il faut les attirer en suspendant dans le voisinage des ruches-mères un dôme emmiellé. — Faire des essaims artificiels.

Nous croyons devoir donner ici une seconde explication plus précise et plus pratique s'il est possible du procédé par nous mis en usage pour la formation des essaims. Nous répétons sous une autre forme l'enseignement exposé page 81 et suivantes.

Au milieu d'un beau jour de ce présent mois de mai, les mâles ayant fait leur apparition, les abeilles étant pour la plupart aux champs, un nouveau siége et un étage encore vide étant préparés quelque part, vous vous approchez de la ruche pleine ayant avec vous un dôme vide dont il s'agit d'extraire un essaim. Vous frappez deux coups légers dans son dôme pour y faire monter la reine. Vous enlevez alors toute la ruche de dessus son siége, vous

séparez les trois compartiments, puis
prenant celui du centre, c'est-à-dire
celui que recouvre immédiatement le
dôme et qui contient le couvain, vous
le placez sur le siége même dont vous
venez de détacher toute la ruche et
posez un dôme vide par dessus. Voilà
une ruche d'établie. Vous portez ensuite l'étage inférieur et garni à la
nouvelle place et sur le nouveau siége
d'abord préparé; vous mettez dessus
un étage vide et par dessus encore le
dôme plein, dernière partie de la ruche vivante qui se trouve ainsi recon-
stituée ailleurs avec un nouvel étage
central à remplir.

Restera à enduire de terre grasse
les jointures de ces deux ruches, et l'o-
pération sera terminée. Rien de plus
simple, on le voit, dans la manipulation. Rien de plus sûr dans la réussite, puisque vous avez ainsi deux
ruches où les abeilles ont un égal

quoique un différent intérêt d'existence. La première, celle qui est à l'ancienne place, contenant le couvain dans sa base, verra en effet revenir à elle, à l'heure accoutumée, la foule butinante des abeilles qui, ne trouvant plus de reine, s'empresseront d'en faire éclore une nouvelle. La seconde, située dans un autre emplacement et possédant la reine encore entourée d'un certain nombre d'ouvrières, ne fera que continuer son travail en rétablissant en hâte les constructions dans son étage central.

JUIN.

Suite des essaims. — Continuer les essaims artificiels. — Mêmes soins que dans le mois précédent. — Après les derniers essaims commencer les récoltes de miel dans le dôme. — Pendant qu'il y a des mâles, destruction de la reine caduque. Pour la saisir,

détacher les trois compartiments de
la ruche, les enfumer séparément,
afin de faire sortir, avec les ouvrières,
la vieille reine que vous prenez et que
vous tuez. L'opération faite remettez
tout en place.

JUILLET.

Naissance des faux-bourdons dans
les ruches de première année. — La
chaleur force quelquefois les abeilles
à sortir et à abandonner des semaines
entières leurs ruches fondantes.—Prévenir cet état de choses en abaissant
la toiture, en l'humectant même de lin-
ges imprégnés d'eau fraîche.— Récoltes abondantes de miel.—Grande opération de l'enlèvement des alvéoles
de faux-bourdons dans les ruches de
première année.

AOUT.

Mort accidentelle des vieilles reines

épuisées par la ponte. — Découragement des abeilles ; pillage des ennemis. — Fournir dans le bas une reine nouvelle (1). — Transvaser les ruches faibles dans les fortes. — Tenir la toiture légèrement inclinée, suivant la chaleur. — Continuation des récoltes de miel.

SEPTEMBRE.

Ralentissement des travaux ; la campagne s'appauvrit de fleurs. — Visiter

(1) Il suffit d'introduire dans la ruche, dépourvue de reine, un morceau de gâteau de couvain, ayant moins de trois jours. Mais il faut pour cela qu'il y ait encore des mâles, car on se rappelle que les nouvelles reines doivent être fécondées, deux jours seulement après leur naissance. Si cette époque de l'apparition des mâles était passée ou qu'on ne pût se procurer du couvain de moins de trois jours, la perte de la ruche serait sans remède et il ne resterait qu'à en recueillir le contenu.

les ruches et les nouveaux essaims. Enlever l'étage inférieur en en mettant un autre vide au dessous du dôme, si la fausse-teigne paraît ou si la cire de l'étage inférieur est gâtée, noircie.—Par la même opération vous faites des récoltes de cire. — Relever la toiture pour faire profiter les abeilles des derniers soleils.

OCTOBRE.

Les abeilles rentrent, elles se préparent à l'hiver. — Continuer les mêmes soins.

NOVEMBRE.

Immobilité des abeilles. — Peser les ruches en soulevant délicatement le siége, s'assurer de l'état des provisions, en fournir aux dépourvues. — Diminuer l'ouverture de l'entrée. — Abaisser la toiture.—Garnir de paille à l'extérieur les ruches les plus faibles.

— Dérober entièrement le soleil trop
dangereux pour les abeilles qu'il sol-
licite au dehors et égare sur les neiges
mortelles. — Abaisser le siége sur le
devant pour l'écoulement des eaux.
— Époque favorable pour la vente et
le transport des ruches.

DÉCEMBRE.

Engourdissement des abeilles. —
Aviser à ce que les ennemis, tels que
rats, souris et musaraignes ne profi-
tent pas de la tranquillité des lieux
pour y exercer leurs ravages. —Soulever prudemment les ruches et les
débarrasser des mouches mortes, s'il
y en a.— La fente circulaire, entre le
siége et l'étage inférieur, doit être
soigneusement garnie de terre grasse
pour empêcher le froid de pénétrer.

TABLE.

LES OPÉRATIONS.

LES PARASITES.

LES PRODUITS.

www.ingramcontent.com/pod-product-compliance
Lightning Source LLC
LaVergne TN
LVHW021703060726
842527LV00003B/984